Recomendações para a Gestão de Resíduos Sólidos no Estado do Acre

Sandra Tereza Teixeira
Stella Cristiani Gonçalves Matoso
Paulo Guilherme Salvador Wadt

Editores

Núcleo Regional Noroeste da Sociedade Brasileira de Ciência do Solo - SBCS

Capa: CreateSpace Ltd.

Produção Gráfica: Stella Cristiani Gonçalves Matoso

Foto da capa e contracapa: Andréia Marcilane Aker

Fotos nas páginas de abertura dos capítulos: lycalinda.blogspot.com.br (cascas de mandioca); sucodaterra.blospot.com.br (cascas de cupuaçu); Stella Cristiani Gonçalves Matoso (compostagem).

Ficha Catológrafica

```
T266r  Teixeira, S. T.; Matoso, S. C. G.; Wadt, P. G.
       S.
            Recomendações   para   a   Gestão   de   Resíduos
       Sólidos   no   Estado   do   Acre   /   Sandra   Tereza
       Teixeira;  Stella  Cristiani  Gonçalves  Matoso;
       Paulo  Guilherme  Salvador  Wadt.  Porto  Velho:
       Núcleo    Regional    Noroeste    da    Sociedade
       Brasileira  de  Ciência  do  Solo.  2015.
            166p.
            ISBN(10): 1508501475
            ISBN(13): 978-1508501473

            1. Ciência  do  Solo.  2. Gestão  de  Resíduos
       Sólidos.  3. Gestão  Ambiental.  4. Amazônia.  5.
       Acre.  6. Título.  I. Sandra  Tereza  Teixeira.
       II.  Stella  Cristiani  Gonçalves  Matso.  III.
       Paulo Guilherme Salvador Wadt.

                                          CDD 631/363
```

O conteúdo dos capítulos é de responsabilidade dos respectivos autores, não representando a opinião dos editores ou da Sociedade Brasileira de Ciência do Solo

Autores

Carlos Alberto Kenji Taniguchi

Engenheiro Agrônomo, Doutor em Ciência do Solo pela Universidade Estadual Paulista Júlio de Mesquita Filho, pesquisador da Empresa Brasileira de Pesquisa Agropecuária, Agroindústria Tropical, Fortaleza, CE.

Gabriel Maurício Peruca de Melo

Zootecnista, Doutor em Zootecnia pela Universidade Estadual Paulista Júlio de Mesquita Filho, professor da Universidade Camilo Castelo Branco, Descalvado, SP.

Liandra Maria Abaker Bertipaglia

Zootecnista, Doutora em Zootecnica pela Universidade Estadual Paulista Júlio de Mesquita Filho, professora da Universidade Camilo Castelo Branco, Descalvado, SP.

Luís Pedro de Melo Plese

Engenheiro Agrônomo, Doutor em Engenharia Agrícola pela Universidade Estadual de Campinas, professor do Instituto Federal do Acre, Rio Branco, AC.

Manoel Evaristo Ferreira

Engenheiro Agrônomo, Doutor em Agronomia pela Universidade Estadual Paulista Júlio de Mesquita Filho, professor aposentado pela Universidade Estadual Paulista Júlio de Mesquita Filho, Jaboticabal, SP.

Mara Cristina Pessôa da Cruz

Engenheira Agrônoma, Doutora em Química pela Universidade Estadual Paulista Júlio de Mesquita Filho, professora da Universidade Estadual Paulista Júlio de Mesquita Filho, Jaboticabal, SP.

Paulo Guilherme Salvador Wadt

Engenheiro Agrônomo, Doutor em Solos e Nutrição de Plantas pela Universidade Federal de Viçosa, pesquisador da Empresa Brasileira de Pesquisa Agropecuária, Embrapa Rondônia, Porto Velho, RO.

Sandra Tereza Teixeira

Engenheira Agrônoma, Doutora em Produção Vegetal pela Universidade Estadual Paulista Júlio de Mesquita Filho, professora da Faculdade Meta, Rio Branco, AC.

Valéria Peruca de Melo

Engenheira Agrônoma, Doutora em Produção Vegetal pela Universidade Estadual Paulista Júlio de Mesquita Filho, professora da Universidade Camilo Castelo Branco, Descalvado, SP.

Wanderley José de Melo

Engenheiro Agrônomo, Doutor em Agronomia pela Escola Superior de Agricultura Luiz de Queiróz, Universidade de São Paulo, professor aposentado pela Universidade Estadual Paulista Júlio de Mesquita Filho, Jaboticabal, SP.

Dedicatória

Esta obra é dedicada a todos os pesquisadores que trabalham no e em prol do bioma amazônico, pautados na conservação de seus recursos naturais e no desenvolvimento socioeconômico da região.

Em especial, àqueles que se ocupam da Ciência do Solo, seja investigando melhor os processos e propriedades dos mesmos, seja desenvolvendo técnicas de manejo apropriadas para a realidade desse bioma.

Por fim, àqueles que debatem às questões pertinentes à Amazônia com enfoque holístico, abordando suas várias perspectivas, sem se restringir à discursos infundados.

Os Editores.

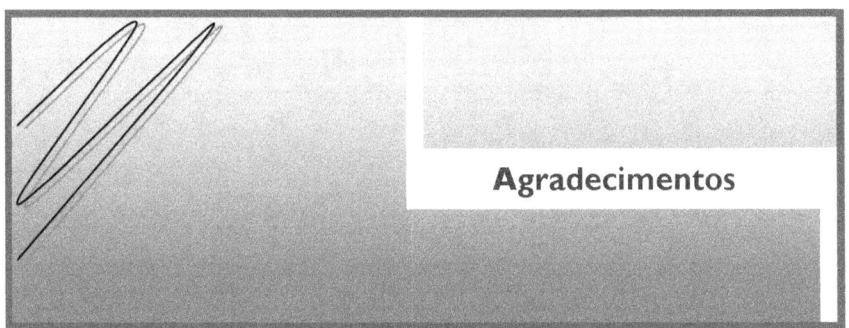

Agradecimentos

Ficam registrados os mais sinceros agradecimentos à Sociedade Brasileira de Ciência do Solo que oportunizou a elaboração e publicação dessa obra. E aos autores dos capítulos que de pronto se disponibilizaram a colaborar e dão valoroza contribuição à Gestão de Resíduos Sólidos com enfoque na agricultura.

Os Editores.

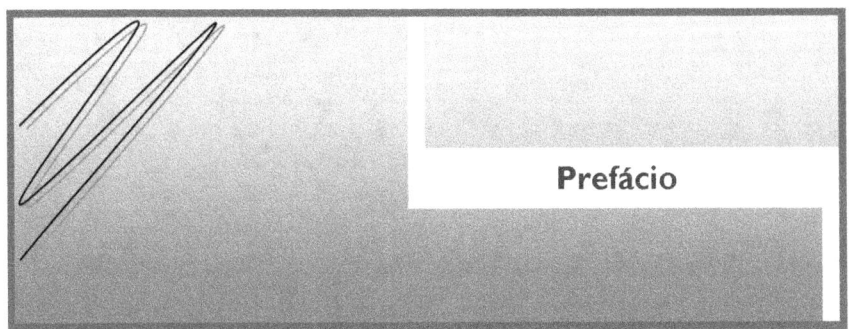

Prefácio

Nos anos recentes a Amazônia brasileira tem recebido elevado número de imigrantes em busca de melhores condições de vida. Esse processo tem provocado, em conjunto com o aumento da população, o crescimento do número e da área das cidades. Logo a geração de resíduos pela atividade urbana e industrial é também crescente.

Em face desse cenário, o objetivo desse livro foi iniciar o debate sobre a gestão de resíduos na Amazônia. Para tal, a obra estrutura-se em cinco capítulos que mostram: o uso de resíduos como alternativa de desenvolvimento sustentável (Capítulo I), os principais resíduos gerados no Estado do Acre (Capítulo II), as alterações que a aplicação de resíduos causam na fertilidade do solo (Capítulo III) e no ambiente (Capítulo IV) e uma compilação da legislação pertinente (Capítulo V).

Os capítulos I, II e III são de autoria de pesquisadores que atuam na Amazônia, principalmente no Estado do Acre. O terceiro e quarto capítulo trazem a contribuição de autores de renome nacional na Ciência do Solo.

Essa obra vem portanto contribuir de forma significativa para subsidiar as políticas sobre gestão de resíduos no Estado do Acre.

Os Editores.

Índice

CAPÍTULO I

Aplicação de Resíduos em Solos Agrícolas: Alternativa para o Desenvolvimento Sustentável

Sandra TerezaTeixeira

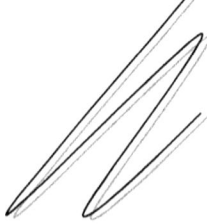

Os dados de produção e consumo de fertilizantes no Brasil disponibilizados pela Associação Nacional para Difusão de Adubos (Anda), demonstram que as indústrias brasileiras de fertilizante têm operado no limite da sua capacidade. E mesmo assim não atendem a demanda interna, tendo-se registrado sucessivos aumentos nos indicadores de de importações. Esse cenário se deve ao aumento do consumo, por parte dos produtores rurais, principalmente de nitrogênio (N), fósforo (P) e potássio (K), visando obter ganhos de produtividade nas lavouras.

Ainda segundo a Anda (2014), de 2011 para 2014 houve aumento de 6,27% na quantidade de fertilizantes entregue ao consumidor final, e 74% do NPK consumido no Brasil em 2014 foi importado. A alta dependência externa preocupa órgãos governamentais que têm estudado e incentivado medidas para aumentar a produção nacional, seja na exploração de novas jazidas, ou em pesquisas de matrizes alternativas de fertilizantes.

O aproveitamento agrícola de resíduos surge como uma alternativa para suprir as necessidades das culturas, mesmo em produtividades elevadas. O poema épico Odisséia (700 a.C) refere-se a essa prática secular, mencionando a aplicação de esterco em videiras (LOPES; GUILHERME, 2007). Na sociedade atual, o volume gerado e seu potencial poluente têm impulsionado estudos, para caracterizar os resíduos e orientar sua disposição.

Com o maior uso de resíduos orgânicos nas lavouras é possível diminuir, ao longo dos anos, a aplicação de adubos minerais e melhorar a qualidade do solo. Intensificando-se o uso de resíduos no solo poderá haver uma redução no consumo de matérias-primas utilizadas na fabricação de fertilizantes minerais, diminuindo-se a poluição e o consumo de energia associados à extração e industrialização de recursos naturais.

Todavia, alguns resíduos podem conter microrganismos patogênicos e elementos traços, sendo seu uso restrito a determinadas culturas ou somente liberado para aplicação no solo após processos de tratamento, como por exemplo, a compostagem.

Dessa forma, apesar dos avanços no aproveitamento de resíduos observados nas últimas décadas, ainda há grande lacuna sobre o potencial de uso desses materiais no solo, principalmente em áreas de fronteiras agrícolas como a Amazônia.

Aspectos considerados no aproveitamento agrícola

O aproveitamento agrícola de resíduos pode ser entendido em cinco dimensões: solo, resíduo, ambiente, sociedade e legislação (Figura 1).

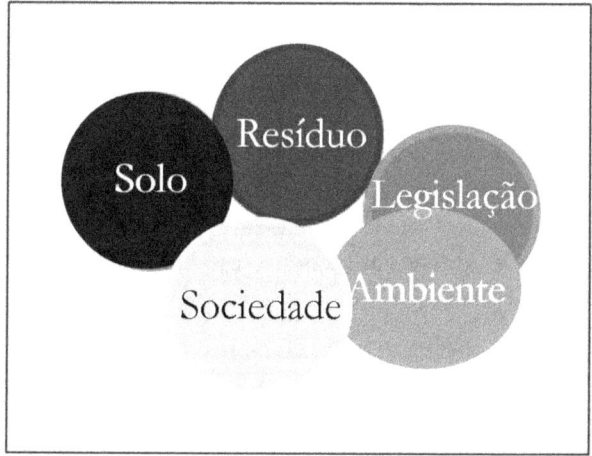

Figura 1. Dimensões a serem consideradas no aproveitamento agrícola de resíduos.

Solo

A disposição no solo tem sido sugerida como principal alternativa para o descarte de resíduos, devido à capacidade desse corpo natural em mitigar efeitos poluentes e estabilizar o material orgânico. Segundo Araújo (2007), isso se deve às funções ecológicas do solo, destacando-se: produção de biomassa, filtração, tamponamento e transformação da matéria para proteger o ambiente da poluição das águas subterrâneas e dos alimentos, além de ser habitat biológico e reserva genética de plantas, animais e microrganismos.

A atividade decompositora do solo é dominada pelos microrganismos considerados consumidores primários e caracterizada pela elevada atividade respiratória, o que lhes confere o papel de agentes principais de mitigação do impacto ambiental de resíduos orgânicos no solo (MOREIRA; SIQUEIRA, 2002).

A aptidão dos solos para uso de resíduos envolve aspectos ambientais e edáficos. Os primeiros estão relacionados com a proximidade da área de aplicação a nascentes, cursos de água, canais, poços, minas, áreas de produção olerícolas, áreas residenciais e de frequentação pública. Os aspectos edáficos se relacionam às características do solo, como profundidade, textura, susceptibilidade à erosão, drenagem, relevo, pedregosidade, hidromorfismo e pH (ANDREOLI et al., 2009; SEMA, 2007).

Nem todas as classes de solos são aptas a receberem resíduos. De acordo com USEPA (1979), as características do solo relacionadas

com sua capacidade de suporte à aplicação de lodo de esgoto são: profundidade, alta capacidade de infiltração e percolação, textura fina, suficiente para garantir alta retenção de água e nutrientes, drenabilidade e aeração adequadas e pH alcalino a neutro, para reduzir a mobilidade e solubilidade de metais pesados. Andreolli et al. (2000), em diagnóstico do potencial dos solos da região de Maringá para disposição de lodo de esgoto, verificaram que 290 mil hectares (80%) da área possuem potencial para uso do lodo com 99,5% das espécies cultivadas não apresentando restrição.

A utilização da classe de aptidão do solo para a disposição de resíduos já é norma adotada pela Secretaria de Meio Ambiente do Paraná (SEMA, 2007).

Resíduo

O resíduo deve ser caracterizado, avaliando-se a sua composição química, características físicas e sanitárias, quantidade gerada e regime de liberação (GLÓRIA, 1992).

A caracterização de um resíduo orgânico, para verificar o seu potencial de uso agrícola, deve considerar os seguintes aspectos: a) matéria-prima empregada e suas características, quanto à quantidade, tipo e origem; b) produtos acrescentados ao processo, quanto à quantidade, tipo e etapa; c) regime de produção, se é contínuo, intermitente ou sazonal, e quanto ao tipo e quantidade, no caso de ser sólido, ou ao regime de vazão do efluente, se líquido; d) estado físico e temperatura; e) pré-tratamentos aplicados (ABREU JUNIOR et al., 2005). Ainda é necessário considerar a reação, se é ácido ou alcalino, a condutividade elétrica e a presença de odores, patógenos e compostos inorgânicos e orgânicos tóxicos.

Em estudo realizado pelo Ministério do Meio Ambiente (2004), verificou-se que os problemas relacionados aos resíduos sólidos gerados nas cidades amazônicas são semelhantes aos observados nas demais regiões brasileiras. Conforme estudo do Instituto Brasileiro de Geografia e Estatística (IBGE, 2002), a quantidade de resíduo gerado por esses centros urbanos varia em relação à faixa de habitantes. No estudo feito pelo Ministério do Meio Ambiente (2004) observou-se que os resíduos urbanos amazônicos têm em sua composição em torno de 52,9% de matéria orgânica; 5,3% de metais; 1,70% de materiais plásticos; 3,1% de vidro; 12,2% de papel; e 10,80% de outros materiais.

Os dados citados possibilitam inferir sobre o potencial de reciclagem desses materiais, principalmente da matriz orgânica, em áreas agrícolas, onde podem representar uma fonte alternativa de fertilizantes, especialmente em pequenas unidades de agricultura familiar próximas aos centros urbanos, contribuindo para o desenvolvimento sustentável da região.

Além dos resíduos urbanos e industriais, na região Amazônica também são representativas as produções de resíduos agroindustriais como casca de mandioca, manipueira, torta de cupuaçu, fibra de coco, torta da produção de óleo de dendê e pescados, dentre outros.

Sociedade e legislação

Com relação às dimensões sociedade e legislação, devem-se analisar fatores culturais e a viabilidade econômica do emprego dos resíduos no solo. O estabelecimento de normas exige certo amadurecimento da sociedade, evitando-se a rejeição preconcebida dessa alternativa de disposição final por desconhecimento. O essencial é que, com base em aspectos técnicos, sejam estabelecidos os parâmetros de quantidades e condições para aplicação. Maia (2006) verificou que a aceitabilidade dos produtores rurais para o uso do lodo de esgoto como insumo agrícola no Distrito Federal foi de 8%, enquanto 43%

dos consumidores urbanos admitiram consumir alimentos produzidos com fertilização por lodo de esgoto.

Com relação à viabilidade econômica, o principal problema é o alto teor de água presente nos resíduos, como ocorre, por exemplo, em lodo de esgoto, vinhaça e manipueira. O teor de água do resíduo condiciona a dose a ser aplicada nas lavouras e o valor final do produto, principalmente quando requer transporte em longas distâncias. Traninn et al. (2005) observaram que o uso de fertilizante de biossólido industrial, numa taxa de aplicação de 10 t ha^{-1} (base seca), deve ser feito a uma distância de 66 km da fonte geradora, para garantir viabilidade econômica. Entretanto, em culturas agrícolas, os autores sugerem que o custo de transporte seja, parcial ou integralmente, assumido pelas empresas geradoras, o que pode ser equivalente aos custos para se manter o biossólido em lagoas de estabilização ou de incineração.

Lemainski e Silva (2006) também estimaram o custo do uso de biossólido em áreas agrícolas, simulando uma propriedade distante 100 km da ETE-Brasília-Norte da Companhia de Saneamento Ambiental do Distrito Federal (Caesb), em condições semelhantes às de uma área experimental, onde foi realizada aplicação de biossólido e fertilizante mineral. A valoração do biossólido foi definida com base no preço de mercado do fertilizante mineral, utilizando-se o método do custo de reposição sugerido por Motta (1998). Os autores estimaram em R$ 30,44 t^{-1} o valor do biossólido úmido da Caesb, considerando, exclusivamente, o custo de reposição de N, P e K. A elevada umidade do biossólido é determinante desse valor relativamente baixo, entretanto, no caso de redução da umidade de 900 g kg^{-1} para 500 g kg^{-1}, o valor do biossólido em NPK aumentaria para R$ 152,20 t^{-1}, representando um acréscimo de 400% (SILVA et al., 2002).

O alto teor de água geralmente presente em lodo de esgoto inviabiliza seu transporte para áreas distantes da fonte geradora, e a sua redução diminui o volume a ser transportado e, consequentemente, o seu custo de aplicação (FARIA, 2007). De acordo com o autor, o uso de altas taxas de aplicação de biossólido em floresta de eucalipto é inviável, devido ao elevado custo de transporte, não sendo econômico utilizar baixas taxas de aplicação complementando-as com fertilizantes minerais no plantio.

Estudos sobre os efeitos a longo prazo do uso de resíduos na agricultura são incipientes em todo o País, embora sejam essenciais para que se chegue ao embasamento técnico necessário à criação das normas aplicáveis, evitando os problemas ambientais decorrentes do descarte inadequado.

Quando as cinco dimensões interferentes (solo, resíduo, ambiente, sociedade e legislação) são consideradas e conectadas, o aproveitamento de resíduos em solos agrícolas pode ser possível, agregando-se algum valor econômico a esses materiais.

Considerando-se as dimensões do problema e as possibilidades de aproveitamento agrícola, esta obra tem por objetivo caracterizar os principais resíduos gerados na Amazônia Sul-Ocidental (Capítulos 2 e 3), seu potencial de impacto na fertilidade do solo (Capítulo 4), destacando ainda a problemática dos metais pesados (Capítulo 5) e, com base na legislação (Capítulo 6) existente, recomendar a criação de normas para uso e manejo de resíduos na agricultura na região.

Referências

ABREU JUNIOR, C. H.; BOARETTO, A. N.; MURAOKA, T.; KIEHL, J. de C. Uso agrícola de resíduos orgânicos potencialmente poluentes: propriedades químicas do solo e produção vegetal. In: TORRADO, P. V.; ALLEONI, L. R.; COOPER, M.; SILVA, A. P.; CARDOSO, E. J. Tópicos em Ciência do Solo. v. 4. Viçosa, MG: Sociedade Brasileira de Ciência do Solo, 2005. p. 391-470.

ANDA. Associação Nacional para Difusão de Adubos. Estatísticas: Indicadores 2014. Disponível em: < http://www.anda.org.br/index.php?mpg=03.00.00>. Acesso em: 25 jan. 2015.

ANDREOLI, C. V.; PEGORINI, E. S.; FREGADOLLI, P.; CASTRO, L. A. R. Diagnóstico do potencial dos solos da região de Maringá para disposição final do lodo gerado pelos sistemas de tratamento de esgoto do município. Sanare. v. 13, n. 13, 2009. Disponível em: <www.sanepar.com.br/sanepar/sanare/v13>. Acesso em 25 jan. 2015.

ARAÚJO, A. S. F.; MONTEIRO, R. T. R. Indicadores biológicos de qualidade do solo. Bioscience Journal, v. 23, n. 3, p. 66-75, 2007.

FARIA, L. C. Uso de lodo de esgoto (biossólido) como fertilizante em eucaliptos: demanda potencial, produção e crescimento de árvores e viabilidade econômica. Tese de Doutorado, Escola Luiz de Queiroz, Universidade de São Paulo, Piraciba, 2007. 107 p.

GLORIA, N. A. Uso agronômico de resíduos. In: REUNIÃO BRASILEIRA DE FERTILIDADE DO SOLO E NUTRIÇÃO DE PLANTAS, 20, 1992, Campinas. Anais... Campinas: Sociedade Brasileira de Ciência do Solo, p. 195-211, 1992.

IBGE. Instituto Brasileiro de Geografia e Estatística. Pesquisa Nacional de Saneamento Básico 2000. Rio de Janeiro: Ministério do Planejamento, Orçamento e Gestão, 2002. 392 p.

LEMAINSKI, J.; SILVA J. E. Avaliação agronômica e econômica da aplicação de biossólido na produção de soja. Pesquisa Agropecuária Brasileira, v. 41, n. 10, p. 1477-1484, 2006.

LOPES, A. S.; GUILHERME, L. R. G. Fertilidade do solo e produtividade agrícola. In: NOVAIS, R. F.; ALVAREZ, V. V. H.; BARROS, N. F.; FONTES, R. L. F.; CANTARUTTI, R. B.; NEVES, J. C. L. Fertilidade do solo. Viçosa, MG: Sociedade Brasileira de Ciência do Solo, 2007. p. 1-65.

MAIA, M. L. Uma contribuição na análise de viabilidade econômica, social e ambiental no uso do lodo de esgoto na agricultura do Distrito Federal. Dissertação de Mestrado, Universidade Católica de Brasília, Brasília, 2006. 137 p.

MMA. Ministério do Meio Ambiente. Gestão integrada de resíduos sólidos na Amazônia: a metodologia e os resultados de sua aplicação. 2004. 72 p. Disponível em: <http://www.mma.gov.br/estruturas/168/_publicacao/168_publica cao03022009105728.pdf >. Acesso em: 25 jan. 2015.

MOREIRA, F. M. S.; SIQUEIRA, J. O. Microbiologia e bioquímica do solo. 2 ed. Lavras: Editora UFLA, 2002. 626 p.

MOTTA, R. S. Manual para valoração econômica de recursos ambientais. Brasília: Ministério do Meio Ambiente dos Recursos Hídricos e da Amazônia Legal - MMA, IPEA, PNUD, CNPq. 1998. 216 p.

SEMA. Secretaria de meio ambiente de Curitiba. Resolução 001/07. 2007. Disponível em: <http://celepar7.pr.gov.br/sia/atosnormativos/atos2>. Acesso em: 25 maio 2009.

SILVA, J. E.; RESCK, D. V. S.; SHARMA, R. D. Alternativa agronômica para o biossólido produzido no Distrito Federal. II. Aspectos qualitativos, econômicos e práticos de seu uso. Revista Brasileira de Ciência do Solo, v. 26, p. 497-503, 2002.

TRANNIN, I. C. de B.; SIQUEIRA, J. O.; MOREIRA, F. M. S. Avaliação agronômica de um biossólido industrial para a cultura do milho. Pesquisa Agropecuária Brasileira, v. 40, n. 3, p. 281-269, 2005.

USEPA. United States Environmental Protection Agency. Sludge treatment and disposal. Cincinnatti: EPA, 1979. v. 1-2.

CAPÍTULO II

Principais Resíduos Produzidos no Estado do Acre

Sandra TerezaTeixeira & Paulo Guilherme Salvador Wadt

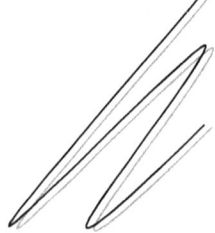

Toda atividade humana envolve a geração de resíduos. Conhecer os processos de geração e adequar a disposição é o desafio para um desenvolvimento sustentável.

A baixa fertilidade dos solos tropicais, associada a práticas culturais inapropriadas e ao alto custo de fertilizantes minerais, impulsiona os órgãos públicos e privados na busca de matrizes alternativas para a fertilização dos solos e aumento de produção de alimentos.

Os resíduos orgânicos apresentam características químicas e biológicas que possibilitam seu aproveitamento em áreas agrícolas. Todavia, por conter organismos patogênicos e substâncias tóxicas, como elementos traços, pode ter sua aplicação em áreas agrícolas restrita.

Os procedimentos para uso de resíduo no solo não se esgotam na sua caracterização e efeito. A definição sobre a necessidade de pré-tratamento e as taxas de aplicação estão ligadas ao sistema a ser empregado, que, por sua vez, está relacionado à disponibilidade de área, sua localização em relação ao ponto gerador, topografia, aspectos legais e sociais (GLORIA, 1992).

No Brasil, em função da sua extensão e da existência de vários biomas é necessário estudar o comportamento dos resíduos em cada um deles.

Na Amazônia Sul-Ocidental os maiores passivos ambientais são os resíduos madeireiros e os gerados nas casas de farinha. No entanto, com o crescimento demográfico, o avanço das indústrias e a instalação de estação de tratamento de água e esgoto, outros resíduos estão surgindo, sendo necessário avaliar a destinação adequada. Neste capítulo são discutidos as características químicas e os efeitos da aplicação dos resíduos industriais: madeireiros e lodo de curtume; dos resíduos urbanos: lodo de estação de tratamento de água e estação de tratamento de esgotos; e dos resíduos agroindustriais: casa de farinha.

Resíduos industriais

Madeireiros

O Brasil apresenta atualmente a segunda maior área de floresta do mundo, sendo superado apenas pela Rússia. O setor madeireiro é importante para a economia da Amazônia gerando uma renda bruta de US$ 2,3 bilhões e 380 mil empregos (FAO, 2005). Na última década, esse setor se expandiu geograficamente na Amazônia, de forma que inúmeras indústrias madeireiras migraram para outras fronteiras, atraídas pelos novos estoques de matéria-prima disponíveis nessas regiões.

O tipo de processamento da madeira gera resíduos com características diferentes. Assim, indústrias que processam madeira em tora para produção de compensados e serrados (tábuas, ripas, caibros) produzem, nas etapas iniciais de fabricação, grandes quantidades de casca e cavaco, que podem ser aproveitadas na geração de energia elétrica no próprio local, ou ainda transportadas com relativa facilidade caso sejam comercializadas, pois possuem dimensões que favorecem o seu armazenamento e manipulação.

Por outro lado, empresas que processam a madeira serrada para a fabricação de produtos de maior valor agregado tendem a produzir resíduos em menor quantidade e com dimensões mais reduzidas, como a serragem e o pó de madeira, que podem ser aproveitados localmente devido à maior dificuldade de transporte.

O resíduo da indústria madeireira do Estado do Acre, avaliado em aproximadamente 67% da produção, é considerado uma forma de desperdício de matéria-prima não aproveitada, podendo ocorrer na forma de casca, cavaco, costaneira, pó de serra, maravalha e aparas (ACRE, 2004).

A aplicação direta da serragem como fertilizante orgânico leva à imobilização de nutrientes essenciais e a altas concentrações de espécies químicas reduzidas, sendo típica a presença de Mn e Fe em vez de MnO_2 e Fe^{+3}, respectivamente. O baixo teor de N dificulta a degradação microbiológica.

O uso agrícola de resíduos madeireiros necessariamente envolve o processo de compostagem que consiste na oxidação do material orgânico por uma sucessão rápida de populações microbianas sob condições aeróbias, dando origem a um produto estabilizado, denominado composto, de coloração escura, em que os componentes orgânicos sofreram mineralização e processos de neossíntese, assumindo natureza coloidal.

Na compostagem dos resíduos madeireiros, o carbono (C) funciona como fonte de energia para os microrganismos. Depois da completa decomposição ou mineralização os nutrientes são disponibilizados para diversos usos como fertilizantes orgânicos ou organominerais quando enriquecidos com outros fertilizantes industriais (Tabela 1). Em função da alta relação C/N do material, devido a sua estrutura anatômica e à presença de grandes quantidades de substâncias recalcitrantes, a madeira é de difícil decomposição; por isso a compostagem desse tipo de resíduo requer locais e metodologias adaptadas. Budziack et al. (2004) verificaram que o processo Kneer, compostagem com biorreatores, é eficiente para transformação de resíduos madeireiros em fertilizante orgânico em curto espaço de tempo (29 dias). Os autores observaram que durante a compostagem a matéria orgânica tornou-se mais alifática e rica em funções nitrogenadas.

Melo et al. (2007) verificaram que a granulometria do resíduo madeireiro pode influenciar na qualidade do composto orgânico gerado. A compostagem com serragem fina deu origem a um composto com relação C/N mais alta e pobre em nutrientes do que a realizada com serragem grossa.

Como os resíduos madeiros possuem grande potencial energético, seu uso poderá competir, no futuro, com outros, como a compostagem para adubação orgânica. Segundo o Ibama (2008), 60% da madeira extraída na região Amazônica é desperdiçada nas serrarias durante o processamento primário, gerando 18 milhões de toneladas de resíduos. Todo esse lixo madeireiro tem potencial e pode ser transformado em energia elétrica alternativa, ecologicamente correta.

Tabela 1. Caracterização dos materiais utilizados para obtenção de compostos a partir de serragem de granulometria fina e granulometria grossa com esterco de curral

Materiais	C/N	N	C	P	K	Ca	Mg	S
				-g kg⁻¹-				
Serragem fina	201	1,9	382	0,09	0,7	2,0	3,0	0,54
Serragem grossa	210	1,9	398	0,08	1,1	1,3	3,1	0,78
Esterco de curral	12	25,0	306	39	11,9	18,3	8,8	4,33
Mistura fina	153	7,8	364	9,8	3,5	6,1	4,3	1,49
Mistura grossa	160	7,7	375	9,9	3,8	5,6	4,6	1,70
Composto fino	26	12,5	331	7,7	6,4	9,9	41,5	2,3
Composto grosso	22	14,5	320	13,4	9,7	14,0	58,3	3,8

Fonte: Melo et al. (2007).

Lodo de curtume

No processamento industrial das peles de animais são gerados vários resíduos sólidos denominados de lodo de curtume, que apresentam grande variabilidade e características próprias. Dentre os resíduos gerados no processamento de couros no Acre citam-se os seguintes:

a. águas gerais: utilizadas em todo o processo, exceto o curtimento;

b. lodo decantador primário: resíduo resultante do processo de decantação do tanque de águas gerais;

c. lodo do processo de refluxo: efluente da etapa caleiro;

d. lodo de caleiro: resíduo resultante do processo de caleamento (adição de cal para retirada de gorduras do couro). Esses resíduos representam em média mais de 50% do peso inicial da pele e possuem um elevado potencial poluente, sendo necessário o manejo correto para evitar contaminação ambiental, causada principalmente pelo elevado teor de cromo.

O cromo encontrado em resíduos de curtume está na forma de Cr(III), sendo utilizado para estabilizar as peles na etapa denominada de píquel. A forma de Cr(VI) é altamente tóxica, podendo ocasionar câncer de pele. A oxidação de Cr(III) está diretamente ligada ao pH do solo, quantidade de Cr(III) adicionada e presença de óxido de manganês (CASTILHOS et al., 2000). A oxidação de Cr(III) para Cr(VI) é favorecida em solos com pH menor do que 5.

Teixeira et al. (2009) não detectaram a oxidação de Cr(III) em solo coletado na Amazônia Sul-Ocidental tratado com lodo de curtume. De acordo com os autores, a elevação dos valores de pH com adição de lodo de curtume e a possível complexação de Cr(III) com compostos orgânicos podem explicar a ausência de oxidação nos solos em estudo. Corroboram com esses resultados Castilhos et al. (2000) e Aquino Neto et al. (1998), porém os últimos não detectaram a presença de Cr(VI) em Latossolo Vermelho-Amarelo ao longo do período de incubação após aplicação de resíduos de curtume e $CrCl_3$.

O lodo de curtume, produzido durante o curtimento do couro, é constituído por macro e micronutrientes essenciais às plantas (Tabela 2). No entanto, a disposição de resíduos provenientes da curtição do couro não deve ser feita de modo indiscriminado, pois dependendo do método de curtição utilizado, os resíduos podem apresentar metais pesados e substâncias tóxicas ao meio ambiente ou causar desequilíbrios nutricionais nas plantas.

Em experimento realizado para caracterização dos resíduos de curtume em Rio Branco, AC (Tabela 3), verificou-se que o lodo de caleiro tem potencial para aproveitamento agronômico por apresentar altos valores de pH, menor teor de água e teor de elementos traços (Cd, Cr e Pb) abaixo dos limites estabelecidos pela legislação (SILVA et al., 2009).

Tabela 2. Caracterização química de resíduos de curtume em base seca

Parâmetros	Konrad; Castilhos (2001)	Ferreira et al. (2003)	Alcântara et al. (2007)	Barajas-Aceves et al. (2007)
Teor de sólidos[1]	-	390,00	-	-
pH	7,10	7,80	8,00	8,09
COT[1]	298,00	65,10	239,00	257,80
N total[1]	25,90	9,80	31,20	18,70
Relação C/N	-	6,60	-	-
NH_4^+	-	4,20	-	-
$NO_3^- + NO_2^-$	-	6,80	-	-
P total[1]	2,50	2,00	1,06	7,50
Ca total[1]	-	20,00	87,20	-
K[1]	-	0,10	1,66	-
Mg[1]	-	0,24	7,54	-
S[1]	-	13,00	-	-
Cu[2]	-	19,00	-	14,00
Zn[2]	-	112,00	-	89,00
Fe[2]	-	6,30	-	-
Mn[2]	-	262,00	6,35	-
Na[2]	-	8,40	52,50	-
Cr total[1]	-	8,10	-	1,66
Cr^{+3} [2]	36,00	-	-	4,00
Cd total [2]	-	0,14	-	-
Ni[2]	-	15,00	-	-
Pb[2]	-	15,00	-	-
Poder de neutralização	-	16,00	-	-

[1] g kg^{-1}; [2] mg kg^{-1}.

Tabela 3. Caracterização dos resíduos da indústria de processamento de couro *wet blue*

Variáveis	Cr	Cd	Pb	Um	ST	pH	CE
Caleiro							
n	31,0	31,0	31,0	57,0	57,0	57,0	57,0
Média	18,9	0,5	0,9	84,1	15,9	11,8	1.536,0
Mediana	12,4	0,5	0,5	88,6	11,4	12,7	1.822,0
Moda	12,2	0,5	0,5	12,8	2,5	1,1	1.903,0
δ	22,4	0,0	1,9	17,0	31,0	2,6	31,0
Refluxo							
n	39,0	39,0	39,0	68,0	68,0	68,0	68,0
Média	55,8	0,5	6,6	92,8	7,2	10,7	1.834,4
Mediana	23,7	0,5	0,5	9,1	3,9	11,9	1.825,0
Moda	6,6	0,5	0,5	35,6	1,7	12,1	1.903,0
δ	107,0	0,0	36,3	9,3	9,3	2,6	86,8
Decantador							
n	42,0	42,0	42,0	71,0	71,0	71,0	71,0
Média	561,3	0,5	0,6	93,7	6,3	7,8	1.793,7
Mediana	389,0	0,5	0,5	94,2	5,8	7,3	1.800,0
Moda	3,7	0,5	0,5	85,6	2,8	6,7	1.903,0
δ	496,5	0,0	0,7	2,2	2,2	1,6	224,8
Águas gerais							
n	40,0	40,0	40,0	70,0	70,0	70,0	70,0
Média	394,9	0,5	0,9	95,5	4,5	8,2	1.817,4
Mediana	92,3	0,5	0,5	96,8	3,3	8,3	1.802,0
Moda	2,8	0,5	0,5	87,0	0,8	9,1	1.847,0
δ	511,9	0,1	1,1	3,5	3,5	1,8	111,0

Cr, Cd e Pb em mg kg; Um: Umidade em g kg^{-1}; ST: Sólidos Totais; pH: Potencial Hidrogeniônico; CE: Condutividade Elétrica (μS cm^{-1}). n: Tamanho da Amostra; δ: Desvio Padrão. Fonte: Silva et al. (2009).

No lodo de curtume a relação C/N normalmente é muito baixa, da ordem de 7/1 (FERREIRA et al., 2003), ou até menor, 5/1 (BARAJAS-ACEVES; DENDOOVEN, 2001). Nessas condições ocorre uma rápida mineralização do nitrogênio orgânico, sendo isso essencial para o aproveitamento do N contido no lodo pelas plantas. Aquino Neto (2000), estudando durante 132 dias a mineralização dos lodos de curtumes adicionados a dois Latossolos, um de textura argilosa e outro com textura média, observou a mineralização de 35% do N total do lodo de caleiro (sem crômio) e 4,8% do lodo do decantador primário contendo crômio, fato atribuído à possível formação de complexos entre o metal e o material orgânico contido no lodo o que dificulta a ação dos microrganismos amonificadores.

De acordo com Konrad e Castilhos (2001), o lodo de curtume proporcionou rendimentos de matéria seca de soja superiores aos obtidos na testemunha, e o seu efeito residual é menor do que o determinado no tratamento com adição de NPK + calcário. Esse fato mostra que em determinados casos o lodo de curtume pode ser aplicado isoladamente na agricultura ou usado em associação com outros fertilizantes e corretivos comerciais, diminuindo assim os custos de produção.

Por outro lado, após aplicação de lodo de curtume em solo da Amazônia Sul-Ocidental, Silva (2008) verificou que houve redução no rendimento da matéria seca da parte aérea da planta de milho nos tratamentos com doses acima de 600 mg kg^{-1} de N orgânico nos quais se utilizaram lodo de caleiro e lodo de decantador como fonte de nitrogênio (Tabela 4).

Embora tenha ocorrido fitotoxidade em todos os tratamentos com aplicação de doses de N iguais ou superiores a 600 kg N ha^{-1}, essa foi maior nos tratamentos com lodo do decantador, nos quais a dose de 1.200 mg kg^{-1} levou as plantas de milho à morte 7 dias após a emergência. Isso ocorreu provavelmente devido ao efeito salino do resíduo que apresenta em sua composição elevados teores de sódio. Segundo Taiz e Zeiger (2004), os efeitos da toxidade iônica ocorrem quando as concentrações de íons prejudiciais, particularmente o Na^+, Cl^- ou SO_4^{-2}, acumulam-se na célula ocasionando uma alta relação Na^+/K^+ e também uma alta concentração de sais totais que inativam as enzimas e inibem a síntese proteica. Segundo Cordeiro (2001), elevadas concentrações de sal aumentam a pressão osmótica da solução do solo fazendo com que a disponibilidade de água para as plantas diminua, provocando deficiência, o que afeta seu crescimento.

Tabela 4. Efeito da adição de nitrogênio mineral e orgânico (lodo de caleiro e lodo de decantador primário) sobre a produção de matéria seca (g) em folhas (MS folha) e colmo (MS colmo), matéria seca total (MS total) da planta de milho, em vasos.

Tratamentos[1]	MS folha	MS colmo	MS total
Testemunha	3,27ab	2,11ab	5,39ab
Testemunha mineral	9,24cd	5,81cde	15,05cd
Caleiro 300N	10,20d	6,62de	16,82d
Caleiro 600N	7,90cd	4,83bcd	12,73cd
Caleiro 1.200N	1,72a	0,80a	2,53ab
Decantador 300N	10,90d	8,00e	18,90d
Decantador 600N	5,90bc	2,91abc	8,81bc
Decantador 1.200N	0,00	0,00	0,00

[1]mg kg^{-1} de nitrogênio. Médias seguidas por mesma letra, na mesma coluna, não diferem entre si pelo teste de Tukey a 5%. Fonte: Silva (2008).

Para Silva (2008) e Teixeira et al. (2009), a utilização do resíduo como fonte de matéria orgânica e nutrientes tem riscos associados, especialmente relacionados ao conteúdo de metais pesados e à salinização do solo.

Teixeira et al. (2009) relatam que em estudo sobre a aplicação de resíduos de curtume em solos da Amazônia Sul Ocidental não houve alteração nos atributos químicos de fertilidade, todavia aumentaram os teores de Na no complexo sortivo do solo. Também não foi detectada a oxidação do Cr^{+3} em Latossolo e Plintossolo da região.

Resíduos urbanos

Lodo da estação de tratamento de água (Leta)

As estações de tratamento de água têm como função tratar e distribuir água para a população de acordo com os padrões de qualidade estabelecidos pela Portaria n° 1.469 do Ministério da Saúde. Durante o tratamento da água são geradas grandes quantidades de lodo que se acumulam nos decantadores ou são descartadas diariamente, dependendo do regime de funcionamento da estação de tratamento.

O lodo de estação de tratamento de água (Leta) é um resíduo formado nos decantadores, resultado dos processos de floculação e coagulação. É uma mistura de poluentes (organismos patogênicos, elementos traços, substâncias orgânicas tóxicas), areia, silte, argila e substâncias húmicas presentes nas águas dos rios (Tabela 5).

Ainda não existem estudos suficientes e normatização para uso e possíveis efeitos da aplicação dos resíduos dos decantadores das estações de tratamento de água. Esses resíduos são classificados em sólido, especial, líquido e industrial, de acordo com a unidade produtora (AWWA, 1999).

As razões para realizar o desaguamento do Leta, que pode apresentar até 99% de umidade, são similares as do lodo de esgoto: redução do custo de transporte para o local de disposição final, melhoria nas condições de manejo do lodo e redução do volume para disposição em aterro sanitário ou uso na agricultura. Acrescenta-se a essas razões o fato de que a água retirada pode ser tratada, retornando ao sistema de tratamento com economia, além de diminuir gastos com as atividades de lavagem dos filtros e descarga dos decantadores (SABESP, 1987).

Dentre as alternativas de disposição final do Leta tem-se a aplicação ao solo (agricultura, floresta, recuperação de áreas degradadas), aterros sanitários, fabricação de cimento e tijolos, compostagem (em mistura com lodo de estação de tratamento de esgoto) e produção de vasos.

Tabela 5. Caracterização química do lodo da estação de tratamento de água

COT	N total	P total	Mg	Ca total	K	Cr total
---------------------------------------g kg^{-1}--------------------------------------						
10,50	2,00	1,00	4,00	121,00	2,00	86,00

Cu	Zn	Fe	Mn	Pb	Cd total	Ni	C/N
--------------------------------------mg kg^{-1}------------------------------							
149,00	66,00	167,04	1,68	8,00	6,00	26,00	5,00

Fonte: Teixeira et al. (2007).

A aplicação de Leta em solos agrícolas já é uma realidade em alguns estados norte-americanos. Esse procedimento tem provocado melhoria na estrutura do solo, elevação do pH, adição de nutrientes, aumento da umidade e aeração, mas também alguns efeitos negativos como aumento da adsorção de fósforo (AWWA, 1999).

Skene et al. (1995) utilizaram o Leta com complementação mineral na cultura do feijão e observaram que não houve aumento de produção de matéria seca, bem como decréscimo da produção para os tratamentos sem complementação mineral. No entanto, houve redução da disponibilidade de fósforo no solo. Segundo os autores, a maior vantagem da utilização agrícola do Leta é a melhoria das características físicas do solo, principalmente dos mais arenosos, devido às grandes quantidades de argila presentes no resíduo.

Silva et al. (2005) verificaram que a aplicação de Leta em solo degradado pela mineração de cassiterita na Floresta Nacional do Jamari, RO, aumenta os teores de macro e micronutrientes e o valor pH do solo, mas isoladamente não foi suficiente para recuperá-lo.

O Leta tem a capacidade de elevar o pH em função da cal hidratada utilizada no processo de tratamento de água. Teixeira (2004) verificou aumento do valor de pH de 5,5 para 7,9. Apesar do Leta apresentar características alcalinizantes (AWWA, 1990), análises realizadas para determinar o poder neutralizante (PN = 28; CaO = 9,8% e MgO = 4,23%) indicaram que esse resíduo não pode ser considerado um calcário. Impurezas como argila e sílica podem ter diminuído o poder de neutralização do lodo de ETA. No entanto, esse resíduo, dependendo da alcalinidade, das doses empregadas e do pH do solo, apresenta condições de elevá-lo. Bugbee e Frink (1985), utilizando lodo de ETA (coagulante: alumínio), conseguiram incrementos na ordem de 0,5 a 1,0 unidade de pH na camada de 0 cm-10 cm em solos de florestas, quando utilizaram o lodo com 22% de poder neutralizante (Tabela 6).

Tabela 6. Valores médios encontrados para pH em $CaCl_2$, matéria orgânica (M.O.), P resina em solo degradado 210 dias após a aplicação de lodo de ETA

Tratamentos	pH em $CaCl_2$	M.O.	P resina
		$g\ dm^{-3}$	$mg\ dm^{-3}$
Testemunha	6,15b	2,13b	14,13a
Fatorial	7,86a	5,4a	16,67a
Teste F	2717,21**	195,51**	1,75[ns]
Testemunhas			
Testemunha absoluta	5,92a	2,00a	7,00b
Testemunha química	6,37b	2,25a	21,25a
Teste F	52,29**	0,32[ns]	12,60**
Doses			
D_{100}	7,89a	5,15a	17,25a
D_{150}	7,89	5,30ab	15,00a
D_{200}	7,87a	5,75a	18,10a
Teste F	0,54[ns]	5,04*	1,09[ns]
Dms (5%)	0,07	0,48	4,33
Plantas			
Stizolobium aterrinum	7,87a	5,58a	16,50a
P. maximum cv. Tanzânia	7,89a	5,17a	16,67a
Senna multijuga	7,87a	5,58a	15,16a
Canavalia ensiformis	7,90a	5,25a	16,67a
Brachiaria decumbens	7,87a	5,41a	19,75a
Teste F	0,51[ns]	1,12[ns]	1,06[ns]
Dms (5%)	0,10	0,72	6,56
Interação doses x plantas	0,70[ns]	1,22[ns]	0,41[ns]
CV (%)	1,15	12,41	34,17

Médias seguidas por mesma letra na coluna não diferem entre si pelo teste de Tukey ao nível de 5% de significância. D_{100}, D_{150} e D_{200} correspondem às doses de 100, 150 e 200 mg de N kg^{-1} de solo degradado na forma de lodo de ETA. Fonte: Teixeira (2004).

Verificaram-se aumentos nos teores de matéria orgânica após adição de Leta, no entanto, ainda considerados baixos. A contribuição do Leta nessa variável é muito pequena em função dos baixos teores de matéria orgânica presentes no resíduo.

O fósforo é um nutriente que limita o crescimento das plantas. O Leta apresenta pequenas concentrações de fósforo total e altas concentrações de hidróxidos de ferro que apresentam potencial para adsorver o fósforo inorgânico (AWWA, 1990). Os teores de fósforo disponível obtido pelo método da resina foram aumentados em relação à testemunha absoluta de 7 mg dm^{-3} para 18 mg dm^{-3}. Mesmo assim, considerando as doses utilizadas, há duas explicações para os teores de P encontrados. Primeiro, o método da resina pode não ser adequado para solos tratados com Leta. Nesse caso, poderia ser utilizado o método de Olsen para extração de fósforo. Segundo, o Leta tem grande capacidade de adsorção de fósforo, como já relatado por outros autores (ELLIOT; SINGER, 1988; AWWA, 1990; SKENE, 1995), em função dos altos teores de hidróxido de ferro e da argila. Essa seria então a mais importante consequência da aplicação de Leta em solos agrícolas.

Lodo da estação de tratamento de esgoto (ETE)

Lodo de esgoto é um resíduo semissólido resultante do tratamento dos esgotos ou de águas servidas, cuja composição (Tabela 7), predominantemente orgânica, varia em função da sua origem, do sistema de tratamento do esgoto e do próprio lodo dentro das estações (ABREU JUNIOR et al., 2005).

De acordo com Lemainski e Silva (2006), os Estados Unidos e a Europa produzem cerca de 20 milhões de toneladas por ano de biossólidos, base seca, com rotas respectivas de disposição final em aterros (41% a 42%), uso agrícola (25% a 36%), incineração (11% a 16%), em oceanos (5% a 6%) e outras formas, como reflorestamento e recomposição de áreas degradadas, em 12% e 6% (TSUTIYA, 2001). O Brasil produz entre 150 mil e 220 mil toneladas de biossólido, base seca, por ano, com perspectiva de aumentar expressivamente o processamento nesta década. Grande parte do resíduo ainda não tem destinação, ficando armazenado no pátio das estações de tratamento de esgoto. Há de se destacar que é relativamente pequeno o volume de lodo gerado em muitos municípios localizados em regiões agrícolas ou próximo delas, os quais não apresentam os problemas da intensa industrialização. Ao passo que nas grandes metrópoles, além do grande volume gerado e da falta de área para construção de aterros, a distância dos centros agrícolas encarece a disposição (BETTIOL; CAMARGO, 2006).

A principal opção para reciclagem de lodo de esgoto é o seu uso como condicionador de solos agrícolas. Entretanto, a possível presença de poluentes como metais pesados, patógenos e compostos orgânicos persistentes pode provocar impactos ambientais negativos. Estudos que determinem os riscos ambientais a curto e longo prazo para as condições edafoclimáticas da Amazônia são essenciais para subsidiar uma regulamentação.

Com base na composição do lodo de esgoto muitos trabalhos constataram a melhoria da fertilidade do solo e o aumento da produção agrícola (MELO; MARQUES, 2000; PIRES; MATTIAZZO, 2007; CEOLATO, 2007). A pesquisa agora caminha para a avaliação da qualidade do solo após o uso de resíduos. Dessa forma, Andrade et al. (2005) verificaram que após 5 anos de aplicação do biossólido o teor total de C no solo não diferiu entre os tratamentos para as cinco profundidades avaliadas até 60 cm. A qualidade da matéria orgânica foi afetada somente na camada 0 cm-5 cm do solo no tratamento que recebeu a maior dose de biossólido (40 t ha^{-1}) e na fertilização mineral e caracterizou-se pelo aumento da participação de lignina.

As questões que permanecem sobre o uso agrícola do lodo de esgoto são: a) há poucos experimentos avaliando o efeito de aplicações a longo prazo, principalmente com relação à disponibilidade de elementos traços e a organismos patogênicos, que podem permanecer inativos por longos períodos; b) as normas para aplicação não consideram as condições edafoclimáticas em que o resíduo será disposto. A resolução n° 001/2007 da Secretaria de Meio Ambiente do Paraná (SEMA, 2007) faz a primeira aproximação considerando a aptidão do solo e as restrições locacionais para aplicação de lodo de esgoto.

Tabela 7. Caracterização química do lodo de esgoto

Parâmetros	Vieira (2004)	Melo et al. (2004)	Lemainski e Silva (2006)	Pires e Mattiazzo (2007)	Herrera et al. (2008)
pH	6,6	-	5,8	7,4	8,8
COT	248,2	347,8	-	115,1	-
N total	26,0	36,5	41,2-53,3	9,6	29,0
C/N	-	-	-	-	7,2
NH_4^+	1.566,9	-	-	-	-
$NO_3^- + NO_2^-$	106,2	-	-	-	-
P total	15,9	17,2	39,9-37,1	19,9	-
Ca total	40,3	27,0	15,9-26,7	132,6	41,0
K	1,0	1,6	3,5-4,5	1,9	0,4
Mg	3,0	3,7	6,7-7,1	2,6	-
S	-	-	-	7,2	-
Cu	1.058,0	-	138,0-156,0	-	-
Zn	518,4	2.717,0	-	1.926,9	420,0
Fe	54,2	20.294,5	23.685-26.161	-	-
Mn	429,5	248,3	116,0-138,0	-	-
Na	-	-	700,0-900,0	0,3	-
Cr total	-	-	33,1-39,6	477,7	-
Cd total	-	-	2,3-2,5	20,3	10,0
Ni	-	-	12,7 19,1	155,8	50,0
Pb	-	219,0	90,4-95,6	-	170,0

COT, N total, P total, Ca total, K, Mg, S, Na e Cr em g kg^{-1}; Cu, Zn, Fe, Mn, Cd, Ni e Pb em mg kg^{-1}.

Resíduo agroindustrial

Resíduos da casa de farinha

Em 2007, o Estado do Acre possuía 31,5 mil hectares ocupados com a cultura da mandioca (*Manihot esculenta*), constituindo-se o terceiro maior produtor da região Norte do Brasil.

As principais formas de processamento da mandioca no Brasil são a farinha e a extração do amido. A primeira gera principalmente resíduos sólidos, enquanto a segunda, líquidos. Os resíduos sólidos são a casca marrom, a casca interna, raízes não utilizáveis, farelo, bagaço e restos de farinha. Os resíduos líquidos gerados durante a prensagem da mandioca para fabricar a farinha e durante a extração do amido são denominados manipueira. Na extração do amido a manipueira (água vegetal) é diluída pela água utilizada no processo, reduzindo sua carga orgânica e o conteúdo de cianídeos (Figuras 1 e 2).

A mandioca é o mais forte produto econômico da região do Vale do Juruá. A farinha de mandioca é processada no estado de forma artesanal em pequenas unidades denominadas casas de farinha, localizadas no próprio local de produção, que utilizam matéria-prima e mão de obra provenientes da agricultura familiar. A farinha e os subprodutos, como a goma e os biscoitos, são vendidos para outros estados.

De acordo com Cardoso (2005) alguns dos resíduos sólidos gerados no processo da industrialização da mandioca são:

- Casca: gerada na operação de lavagem-descascamento, é um tipo de material constituído de uma película fina cerosa, de cor marrom. A casca pode conter pedaços da entrecasca e uma quantidade significativa de amido.

- Massa fibrosa (farelo ou bagaço): gerada na etapa de separação do amido pelo processo de lavagem, é um resíduo sólido composto pelo material fibroso da raiz, contendo parte do amido que não foi extraído no processamento, sendo impossível sua extração total por processos físicos.

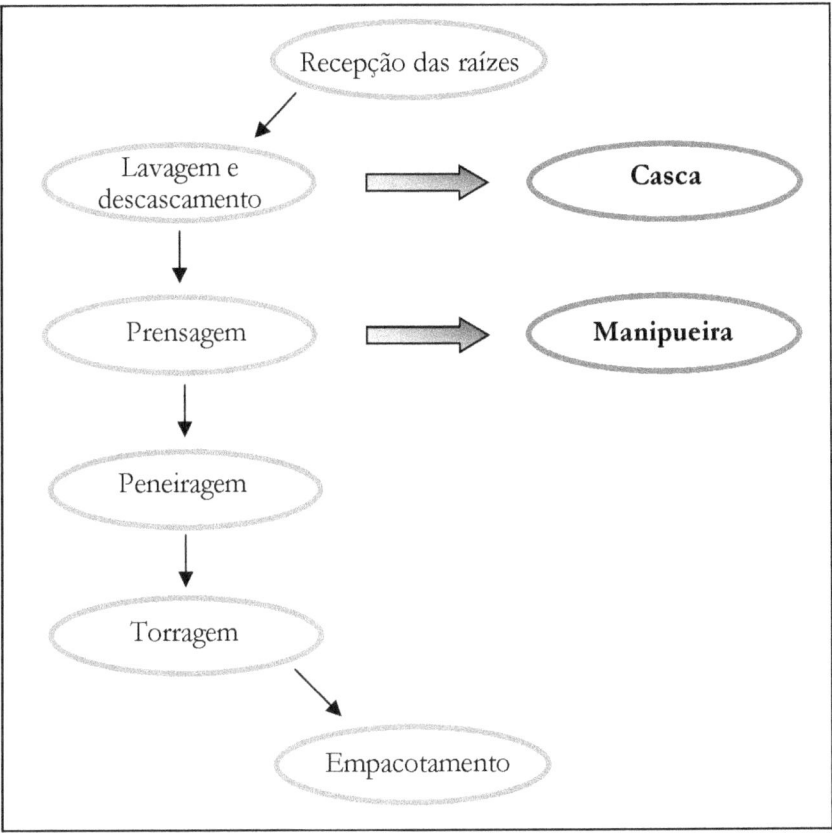

Figura 1. Fluxograma simplificado da fabricação de farinha.

- Água de lavagem das raízes: gerada no lavador-descascador carrega consigo baixa concentração de matéria orgânica e volume considerável de material em suspensão, geralmente terra e casca, que pode ser separado por decantação e peneiramento. Uma vez separados os sólidos suspensos, constitui-se basicamente da água captada pela indústria, contendo ainda em suspensão ou dissolução baixo teor de matéria orgânica originária das raízes e carreada pela água devido à maceração ou quebra.

- Água vegetal ou manipueira: efluente composto pela água de constituição das raízes (água intracelular) (Figura 3).

- Água de extração da fécula: mais diluída, apresenta maior volume em relação ao mesmo resíduo originário de farinheiras, porém com cargas orgânicas mais baixas. A umidade é muito alta, em torno de 95%, e a demanda química de oxigênio fica ao redor de 6.000 mg L⁻¹ de O_2.

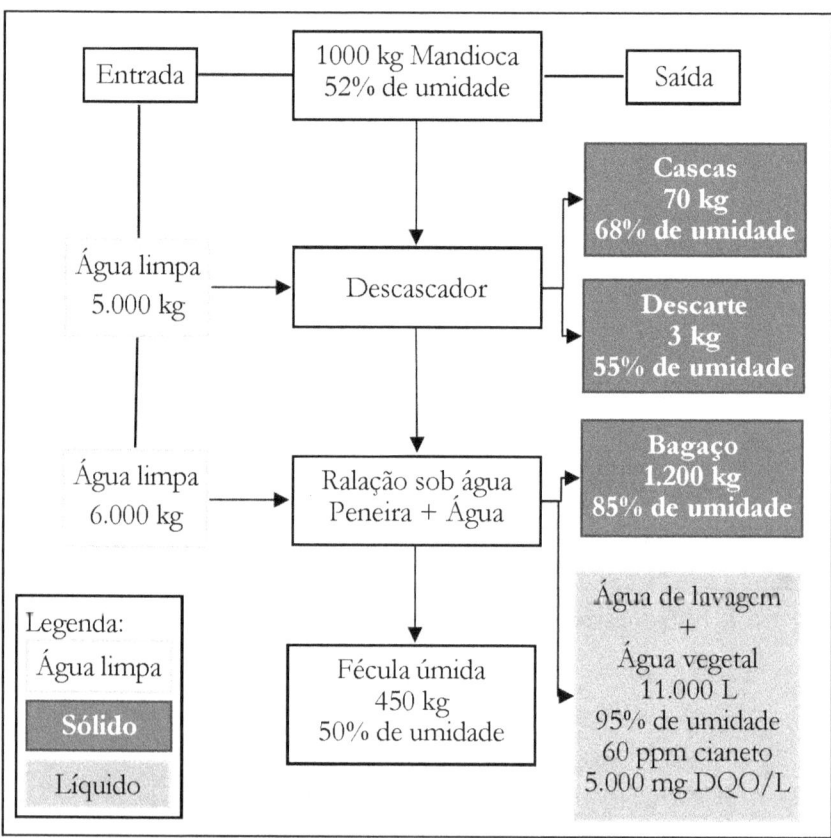

Figura 2. Fluxograma simplificado de produção de polvilho.
Fonte: Lima (2001).

Os efluentes líquidos, na maioria das empresas, não recebem nenhum tipo de tratamento antes de serem lançados em corpos d'água, exceto em alguns casos em que passam por processo de tratamento em lagoas de estabilização.

Figura 3. Resíduos da casa de farinha: a) farelo; b) manipueira.
Fotos: Sandra Tereza Teixeira.

A água residual pode apresentar-se com variadas concentrações, dependendo da forma de processamento das raízes. O potencial poluente de um resíduo pode ser avaliado por meio de alguns parâmetros: carga orgânica medida pela DQO (demanda química de oxigênio) e DBO (demanda bioquímica de oxigênio).

O principal resíduo gerado nas casas de farinha é a manipueira, nome indígena brasileiro designativo do extrato líquido das raízes de mandioca. Esse subproduto da fabricação da farinha de mandioca era praticamente desprezado sem qualquer aproveitamento econômico (PONTE, 1992).

A manipueira caracteriza-se como um extrato líquido, com aspecto leitoso, contendo de 5% a 7% de fécula, glicose, ácido cianídrico, bem como outras substâncias orgânicas (carboidratos, proteínas e lipídeos) e nutrientes minerais (FIORETTO, 2001).

A composição química da manipueira sustenta a potencialidade do resíduo como adubo, haja vista a sua riqueza em potássio, nitrogênio, magnésio, fósforo, cálcio e enxofre, além de ferro e micronutrientes em geral (Tabela 8).

Vários procedimentos podem ser usados para eliminar o grau poluidor da manipueira no meio ambiente. O resíduo líquido pode ser fonte de material bruto para processos fermentativos, como a produção de biomassa lipídica, produção de biogás (INOUE, 2008), ácido cítrico, fertirrigação (PANTAROTO; CEREDA, 2001), defensivo agrícola (PONTE, 1992) e adubo foliar (PONTE et al., 1997).

Tabela 8. Composição química dos resíduos da casa de farinha

Nutrientes	Manipueira			Casca
	Fioretto (2001)	Pinho (2007)	Inoue (2008)	Inoue (2008)
N	0,15%	0,19%	202,50 mg L^{-1}	3,43 g kg^{-1}
P	255,80 mg kg^{-1}	0,11%	130,50 mg L^{-1}	1,52 g kg^{-1}
K	51,22 meq L^{-1}	0,02%	953,67 mg L^{-1}	16,29 dag kg^{-1}
Ca	12,66 meq L^{-1}	0,01%	-	-
Mg	-	0,03%	-	-
C	-	-	2,77 g L^{-1}	16,47 dag kg^{-1}
pH	-	4,14	3,68	6,70

O uso agrícola da manipueira foi reportado por Pinho (2007) que avaliou alterações nos atributos químicos e biológicos de solos com diferentes texturas. O autor verificou aumento no valor pH do solo e nos teores de Mg^{+2}, K^+ e P. Não houve alteração nos parâmetros biológicos avaliados (respiração, biomassa e atividade enzimática da fosfatase). Em estudo complementar o autor observou que a produção de matéria seca esteve mais ligada à textura do solo do que à aplicação da manipueira. A produção de matéria seca da parte aérea da mandioca foi maior em solos de textura arenosa, provavelmente em função da facilidade de crescimento de raízes e boa drenagem. Não houve diferença na produção de matéria seca das raízes.

Estudos de Saraiva et al. (2007) corroboraram com o autor anterior quando observaram respostas positivas na utilização da manipueira na cultura do milho. Entretanto, estudando o efeito de cinco doses (0 m^3 ha^{-1}, 80 m^3 ha^{-1}, 120 m^3 ha^{-1}, 160 m^3 ha^{-1} e 200 m^3 ha^{-1}) na cultura da mandioca, Fioretto (1994) verificou que todos os tratamentos nos quais se utilizou manipueira produziram menos do que a testemunha.

Considerações finais

O aproveitamento de resíduos em áreas agrícolas envolve várias etapas das quais se destacam a caracterização (amostragem e análises químicas, físicas e biológicas), aptidão do solo para receber o resíduo, sociedade e legislação. Em suma pode-se relatar que:

- aproveitamento de resíduos na Amazônia pode viabilizar o desenvolvimento sustentável de comunidades locais.

- É necessário mais estudos para viabilizar o uso dos resíduos das indústrias madeireiras como fonte de C na produção de compostos orgânicos.

- Dentre os resíduos do curtume, o lodo de caleiro pode ser utilizado em áreas agrícolas, observada a legislação, com melhoria da fertilidade do solo sem agressão ao meio ambiente.

- Os resíduos urbanos necessitam de estudos locais para se avaliar sua disposição baseando-se nas características e aptidão do solo.

- Cultivo da mandioca por pequenos agricultores na Amazônia ocorre em áreas de capoeira utilizadas até a exaustão do solo. O aproveitamento dos resíduos (casca, farelo, manipueira) na propriedade pode ser uma alternativa de desenvolvimento sustentável, visto que pode aumentar a fertilidade do solo, a produtividade e a renda do produtor e diminuir a agressão dos resíduos ao meio ambiente pelo descarte adequado, bem como os desmatamentos em busca de novas áreas para plantio de mandioca.

- Há grande necessidade de pesquisas regionais para o estabelecimento de normas visando regulamentar o descarte desses materiais na Amazônia Sul-Ocidental.

Referências

ABREU JUNIOR, C. H.; BOARETTO, A. N.; MURAOKA, T.; KIEHL, J. de C. Uso agrícola de resíduos orgânicos potencialmente poluentes: propriedades químicas do solo e produção vegetal. In: TORRADO, P. V.; ALLEONI, L. R.; COOPER, M.; SILVA, A. P.; CARDOSO, E. J. Tópicos em Ciência do Solo. v. 4. Viçosa, MG: Sociedade Brasileira de Ciência do Solo, 2005. p. 391-470.

ACRE. Secretaria de Meio Ambiente e recursos naturais. Inventário de resíduos sólidos industriais do Estado do Acre: informações básicas: Secretaria de Estado de Meio Ambiente e Recursos Naturais. Rio Branco: MMA/FMA/SEMA, 2004. 32 p.

ALCÂNTARA, M. A. K.; NETO, V. A.; CAMARGO, O. A.; CANTARELLA, H. Mineralização do nitrogênio em solos tratados com lodos de curtume. Pesquisa Agropecuária Brasileira, v. 42, n. 4, 2007.

AWWA. American Water Works Association. Commercial application and marketing of water plant residuals. Denver: Research Foundation and AWWA, 1999. 186 p.

AWWA. American Water Works Association.. Land application of water treatment sludges: impacts and management. Denver: AWWA, 1990. 100 p.

ANDRADE, C. A.; OLIVEIRA, C.; CERRI, C. C. Qualidade da matéria orgânica e estoques de C e N em Latossolo tratado com biossólido e cultivado com eucalipto. Revista Brasileira de Ciência do Solo, v. 29, p. 803-816, 2005.

AQUINO NETO, V.; CAMARGO, O. A. Acúmulo de crômio em alface cultivada em dois Latossolos tratados com $CrCl_3$ e resíduos de curtume. Revista Brasileira de Ciência do Solo, v. 24, p. 225-235, 1998.

BARAJAS-ACEVES, M.; DENDOVEEN, L. Nitrogen, carbon and phosphorus mineralization in soils from semiarid highlands of central Mexico amended with tannery sludge. Bioresource Technology, v. 77, p. 121-130, 2001.

BARAJAS-ACEVES,. M.; VELASQUEZ, R. O.; VÁSQUEZ, R. R. Effects of Cr^{3+}, Cr^{6+} and tannery sludge on C and N mineralization and microbial activity in semi-arid soils. Journal of Hazardous Materials, v. 143, p. 522-531, 2007.

BETTIOL, W.; CAMARGO, O. Lodo de esgoto: impactos ambientais na agricultura. Jaguariúna, SP: Embrapa Meio Ambiente. 2006. 349 p.

BUDZIAK, C. R.; MAIA, C. M. B. F.; MANGRICH, A. S. Transformações químicas da matéria orgânica durante a compostagem de resíduos da indústria madeireira. Química Nova, v. 27, n. 3, p. 399-403, 2004.

BUGBEE G. J.; FRINK, C. R. Alum sludge as a soil amendment: effects on soil properties and plant growth. Connecticut Agricultural Experiment Station, 1985. 7 p. (Bulletin, 827).

CARDOSO, E. Uso de manipueira como biofertilizante no cultivo do milho: avaliação do efeito no solo, nas águas subterrâneas e na produtividade do milho. Dissertação de Mestrado, Universidade do Extremo Sul, Criciúma, 2005. 67 p.

CASTILHOS, D. D; VIDOR, C.; CASTILHOS, R. M. V. Atividade microbiana em solo suprido com lodo de curtume e cromo hexavalente. Revista Brasileira de Agrociência, v. 6 n. 1, p. 71-76, 2000.

CEOLATO, L. C. Lodo de esgoto líquido na disponibilidade de nutrientes e alteração dos atributos químicos de um Argissolo. Tese de Doutorado, Instituto Agronômico de Campinas, Campinas, 2007. 45 p.

CORDEIRO, G. G. Salinidade em agricultura irrigada: conceitos básicos e práticos. Petrolina, PE: Embrapa Semi-Árido, 2001. 38 p.

ELLIOTT, H. A.; SINGER, L. M. Effect of water treatment sludge and elemental composition of tomato (*Lycopersicum esculentum*) shoots. Communication in Soil Science Plant Analysis, v. 19, n. 3, p. 345-354, 1988.

FERREIRA, A. S.; CAMARGO, F. A. O.; TEDESCO, M.; BISSANI, C. A. Alterações de atributos químicos e biológicos de solo e rendimento de milho e soja pela utilização de resíduos de curtume e carbonífero. Revista Brasileira de Ciência de Solo, v. 27, p. 755-768, 2003.

FIORETTO, R. A. Uso direto da manipueira em fertirrigação. In: CEREDA, M. P. (Coord.). Manejo, uso e tratamento de subprodutos da industrialização da mandioca. v. 4. São Paulo: Fundação Cargill, 2001. p. 67-79.

GLORIA, N. A. Uso agronômico de resíduos. In: REUNIÃO BRASILEIRA DE FERTILIDADE DO SOLO E NUTRIÇÃO DE PLANTAS, 20, 1992, Campinas. Anais... Campinas: Sociedade Brasileira de Ciência do Solo, p. 195-211, 1992.

HERRERA, F.; CASTILLO, J. E.; CHICA, A. F.; LÓPEZ BELLIDO, L. Use of municipal solid waste compost (MSWC) as a growing medium in the nursery production of tomato plants. Bioresoure Technology, n. 29, p. 287-296, 2008.

INOUE, K. R. A. Produção de biogás, caracterização e aproveitamento agrícola de biofertilizante obtido na digestão da manipueira. Dissertação de Mestrado, Universidade Federal de Viçosa, Viçosa, MG, 2008. 92 p.

KONRAD, E. E.; CASTILHOS, D. D. Atividade microbiana em um Planossolo após adição de resíduos de curtume. Revista Brasileira de Agrociência, v. 7, n. 2, p. 131-135, 2001.

LEMAINSKI, J.; SILVA, J. E. Avaliação agronômica e econômica da aplicação de biossólido na produção de soja. Pesquisa Agropecuária Brasileira, v. 41, n. 10, p. 1477-1484, 2006.

LIMA, J. W. C. Análise ambiental: processo produtivo de polvilho em indústrias do extremo sul de Santa Catarina. Tese de Doutorado, Universidade Federal de Santa Catarina, Florianópolis, 2007, 104 p.

MELO, G. M. P., MELO, V. P., MELO, W. J. Compostagem. Jaboticabal: Faculdade de Ciências Agrárias e Veterinárias, 2007. 10 p.

Disponível em: http://ambientenet.eng.br/TEXTOS/COMPOSTAGEM.PDF>. Acesso em: 30 jan. 2015.

MELO, V. P.; BEUTLER, A. N.; SOUZA, Z. M.; CENTURION, J. F.; MELO, W. J. Atributos físicos de Latossolos adubados durante cinco anos com biossólidos. Pesquisa Agropecuária Brasileira, v. 39, n. 1, p. 67-72, 2004.

MELO, W. J.; MARQUES, M. O. Potencial do lodo de esgoto como fonte de nutrientes para as plantas. In: BETTIOL, W.; CAMARGO, O. A. (Ed.). Impacto Ambiental do uso agrícola do lodo de esgoto. Jaguariúna, SP: Embrapa Meio Ambiente, 2000. p. 45-67.

PANTAROTO, S.; CEREDA, M. P. Linamarina e sua decomposição no ambiente. In: CEREDA, M. P (Coord.). Manejo, uso e tratamento de subprodutos da industrialização da mandioca. v. 4. São Paulo: Fundação Cargill, 2001. p. 38-47.

PINHO, M. M. C. A. Reaproveitamento de resíduo do processamento da mandioca (manipueira): avaliação de impactos químicos e microbiológicos no solo e utilização como fertilizante. Dissertação de Mestrado,Universidade Federal Rural de Pernambuco, Recife, 2007, 56 p.

PIRES, A. M. M.; MATTIAZZO, M. E. Cinética de solubilização de metais pesados por ácidos orgânicos em solos tratados com lodo de esgoto. Revista Brasileira de Ciência do Solo, v. 31, p.143-151, 2007.

PONTE, J. J. da. Histórico das pesquisas sobre a industrialização da manipueira (extrato líquido das raízes de mandioca) como defensivo agrícola, Fitopatología Venezolana, v. 5, n. 1, p. 2-5, 1992.

PONTE, J. J. da. HOLANDA, Y. C. A.; ARAGÃO, M. L.; SILVEIRA FILHO, J. Ensaio preliminar sobre a utilização da manipueira (extrato líquido da raiz da mandioca) como fertilizante foliar. Revista de Agricultura, v. 72, n. 1, p.63-68, 1997.

SABESP. Companhia de Saneamento Básico do Estado de São Paulo. Recuperação de águas de lavagens, tratamento e disposição de resíduos sólido das ETAs da RMSP. Revista DAE, v. 47, n. 150, p. 216-219, 1987.

SARAIVA, F. Z.; SAMPAIO, S. C.; QUEIROZ, M. M. F.; NOBREGA, L. H. P.; GOMES, B. M. Uso da manipueira no desenvolvimento vegetativo do milho em ambiente protegido. Revista Brasileira de Engenharia Agrícola e Ambiental, v. 11, n. 1, p. 30-36, 2007.

SEMA. Secretaria de Meio Ambiente do Paraná. Resolução n.001/07. Disponível   em: <http://celepar7.pr.gov/sia/atosnormativos/atos2/exibir_ato.asp>. Acesso em: 25 jul. 2009.

SILVA, A. L. F. Risco de salinização no solo após aplicação de lodo de curtume. Monografia, Universidade Federal do Acre, Rio Branco, AC, 2008, 58 p.

SILVA, E. T.; MELO, W. J.; TEIXEIRA, S. T. Chemical attributes of degraded soil after application of water treament sludges. Scientia Agricola, v. 62, n. 6, p. 554-563, 2005.

SILVA, L. M.; TEIXEIRA, S. T.; PIRES, A. M. M.; PEREZ, D. V.; WADT, P. G. S. Caracterização química de resíduos de curtume e seu potencial agronômico. In: CONGRESSO BRASILEIRO DE CIÊNCIA DO SOLO, 32., 2009, Fortaleza. Anais... Fortaleza: Unversdade Federal do Ceará, Sociedade Brasileira de Ciência do Solo, 2009. (CD-ROM).

SKENE, T. M.; OADES, J. M.; KILMORE, G. Water treatment sludge: a potencial plant growth medium. Soil use and Manangement, v. 11, p. 29-33, 1995.

TAIZ, L.; ZEIGER, E. Fisiologia vegetal. 3 ed., Porto Alegre: Artmed, 2004. 719 p.

TEIXEIRA, S. T. Aplicação de lodo de estação de tratamento de água em solo degradado por mineração de cassiterita. Jaboticabal, Tese de Doutorado, Universidade Estadual Paulista, Faculdade de Ciências Agrárias e Veterinárias, Jaboticabal, 2004, 85 p.

TEIXEIRA, S. T.; LEAL, I.; WADT, P. G. S.; PEREZ, D. V.; SILVA, L. M. Manejo de resíduos de curtume solos Amazônicos: Plintossolos. In: CONGRESSO BRASILEIRO DE CIÊNCIA DO SOLO, 32., 2009, Fortaleza. Anais... Fortaleza: Unversdade Federal do Ceará, Sociedade Brasileira de Ciência do Solo, 2009. (CD-ROM).

TEIXEIRA, S. T.; MELO, W. J.; SILVA, E. T. Plant nutrients in a degraded soil treated with water treatment sludge and cultivated with grasses and leguminous plants. Soil Biology Biochemistry, v. 39, p. 134-1354, 2007.

TSUTIYA, M. T. Alternativas de disposição final de biossólidos. In: TSUTIYA, M. T.; COMPARINI, J. B.; ALEM SOBRINHO, P.; HESPANHOL, I.; CARVALHO, P. C. T.; MELFI, A. J.; MELO, W. J.; MARQUES, M. O. (Ed.). Biossólidos na agricultura. São Paulo: SABESP, 2001. p. 133-180.

VIEIRA, R. F.; TANAKA, R. T.; TSAI, S. M.; PÉREZ, D. V.; SILVA, C. M. M. de S. Disponibilidade de nutrientes no solo, qualidade de grãos e produtividade da soja em solo adubado com lodo de esgoto. Pesquisa Agropecuária Brasileira, v. 40, p. 919-926, 2005.

CAPÍTULO III

Alterações na Fertilidade em Solos Tratados com Resíduos Orgânicos

Mara Cristina Pessôa da Cruz; Carlos Alberto
Kenji Taniguchi & Manuel Evaristo Ferreira

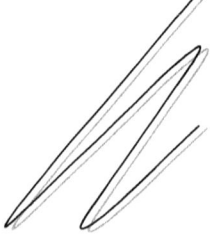

O aproveitamento de subprodutos ou resíduos para aplicação em solos buscando melhoria ou manutenção da qualidade de atributos químicos, respeitando as normas vigentes e conhecendo previamente seus efeitos nos componentes da fertilidade do solo, é uma atitude inteligente, que em longo prazo contribuirá com a sustentabilidade dos sistemas de produção. No entanto, do mesmo modo como em sistemas em que não se faz uso de resíduos, o solo tem que ser respeitado como componente da paisagem que se formou ao longo de milhares de anos e que, uma vez degradado, dificilmente terá reconstituídos seus atributos originais.

A diversidade de resíduos disponíveis para aplicação nos solos é muito grande e o benefício econômico e ambiental que pode resultar desta prática é considerável. No entanto, alguns resíduos podem apresentar determinados elementos que resultam em impactos negativos após aplicações sucessivas e mesmo resíduos que não trazem na composição concentrações limitantes de alguns componentes, uma vez aplicados em quantidade excessiva ou com frequência inadequada, podem resultar em perda de qualidade do solo.

De modo geral, resíduos derivados de plantas não contêm componentes indesejáveis, ou se contêm, a maior parte veio do próprio solo, e a ele retornará. Durante muitos anos a vinhaça foi considerada um grande problema para a indústria da cana-de-açúcar no Estado de São Paulo. Atualmente, combinada com outros subprodutos da própria indústria, ajuda a sustentar a produção com parte dos nutrientes, e conta com norma técnica específica que regula a quantidade a ser aplicada em cada área, levando em consideração características do resíduo e do próprio solo (CETESB, 2006). Os resíduos de origem animal, particularmente os estercos bovino, suíno e avícola, são usados há milênios. Estes resíduos são produzidos em grande quantidade e, em doses e com frequência de aplicação adequadas, só trazem benefícios.

Não se pode, no entanto, afirmar o mesmo em relação aos resíduos gerados diretamente da atividade humana, particularmente lodo de esgoto e composto de lixo. Ambos têm potencial de produção generalizado, em grande quantidade e de qualidade, muitas vezes, duvidosa. O lodo de esgoto e o composto de lixo contêm nutrientes de plantas, mas podem carrear para o solo metais não nutrientes, patógenos e compostos orgânicos tóxicos capazes de, em curto espaço de tempo, inutilizar áreas agrícolas. Não é racional resolver um problema criando outro, mas a solução também não é não usar os resíduos. Melhorar a qualidade dos produtos, de tal modo que se os encare com a mesma atitude que se tem em relação aos estercos, é uma possibilidade. Obviamente haverá custos, mas pagar por eles é preservar o solo.

No Brasil, a vastidão das áreas de solos com aptidão agrícola adequada para a maioria das culturas dá a convicção de que o solo é inesgotável, ao contrário do que ocorre com os recursos hídricos. Além disso, por serem sistemas-tampão, os solos demoram mais para mostrar os efeitos do mau uso. O fato é que água e solo não são inesgotáveis e o custo da recuperação de ambos é muito alto. Em qualquer circunstância, mas particularmente em áreas de uso mais recente dos recursos naturais, onde tanto solo quanto água ainda estão preservados, o manejo dos resíduos deve ser feito de forma adequada, com conhecimento das transformações que sofrerão e dos seus reflexos na qualidade do solo e da água.

Neste capítulo serão abordadas as alterações em atributos químicos de solos em áreas que receberam aplicação de resíduos orgânicos, as quais embasam, em parte, a definição do potencial de uso dos resíduos para fins agrícolas como fonte de nutrientes para plantas. Na abordagem serão considerados primordialmente os nutrientes C, N, P , S e a acidez.

Adubos orgânicos

O termo adubo orgânico (ou fertilizante orgânico) será usado com o significado a ele atribuído por Kiehl (1985), ou seja: todo produto de origem vegetal ou animal que, aplicado ao solo em quantidade, época e de maneira adequada, proporciona melhoria de suas qualidades físicas, químicas, físico-químicas e biológicas. De acordo com a Instrução Normativa nº 25, de 23 de julho de 2009 (BRASIL, 2009), os fertilizantes orgânicos são classificados em classes de A a D e incluem, na classe C, produtos de utilização segura na agricultura derivados de lixo domiciliar e, na classe D, produtos do tratamento de despejos sanitários.

Pela própria diversidade de origem, os teores de nutrientes nos adubos orgânicos são muito variáveis, mesmo quando se considera um único tipo, o que gera um grau de incerteza razoável no momento de estabelecer as doses de aplicação. Nos textos publicados por Abreu Junior et al. (2005) e Tedesco et al. (2008) são apresentados levantamentos detalhados da composição química de vários fertilizantes orgânicos.

Adubação orgânica e atributos químicos de solos

Carbono orgânico

A aplicação de adubos orgânicos em solos agrícolas tem por finalidades primárias aumentar e ou manter o teor de matéria orgânica do solo (MOS) e fornecer nutrientes às plantas. Para que qualquer das finalidades seja atingida o material precisa passar pelos processos de transformação microbiana. As principais transformações que ocorrem durante a decomposição e a humificação das substâncias orgânicas são: perda de polissacarídeos e compostos fenólicos, modificação na estrutura da lignina e enriquecimento em compostos aromáticos recalcitrantes não ligninícos (ZECH et al., 1997).

A biodegradabilidade de resíduos orgânicos em solos depende da taxa de degradação de cada um dos seus componentes bioquímicos, ou seja, carboidratos, aminoácidos, ácidos graxos, lignina etc. (AJWA; TABATABAI, 1994). A taxa de transformação é controlada principalmente pelos fatores climáticos e, em menor extensão, por fatores químicos como pH, relação C/N e qualidade das substâncias (ZECH et al., 1997). De modo geral, apenas 50% do C do substrato é incorporado às células microbianas, enquanto que o restante é utilizado para obtenção de energia e perdido na respiração na forma de CO_2 (KUZYAKOV et al., 2000).

Muitos modelos já foram propostos para calcular as taxas de decomposição de resíduos e da matéria orgânica do solo, todos baseados em equações com funções exponenciais (AJWA; TABATABAI, 1994). O modelo mais usado é o de cinética química de primeira ordem, em duas ou mais fases, o que sugere a presença de uma fração orgânica lábil, rapidamente mineralizável durante a primeira fase, e no mínimo mais uma fração de maior resistência, que se decompõe na sequência, mas mais lentamente.

A degradação de compostos (produzidos a partir da combinação de vários materiais) e de lodo de esgoto obedece ao modelo com duas fases (BERNAL et al., 1998b; ANDRADE et al., 2006). No estudo com lodo de esgoto, Andrade et al. (2006) admitiram que compostos mais lábeis de carbono foram esgotados na primeira fase, a qual apresenta maior intensidade, mas curta duração (média de oito dias), enquanto na segunda fase, de menor velocidade de degradação e mais longa, maior quantidade de carbono foi mineralizada (65% do C total adicionado, em 70 dias). Mesmo para resíduos de maior facilidade de degradação o comportamento se mantém.

No caso de vinhaça aplicada ao solo, foi observada mineralização rápida em duas semanas, seguida de mineralização lenta até seis meses de incubação. As porcentagens de carbono e de nitrogênio mineralizadas foram de 71% e 46%, respectivamente, em seis meses. As frações mais lábeis, decompostas na primeira fase, incluíam aminoácidos livres, peptídeos e proteínas, enquanto que nas frações mais resistentes à decomposição estavam compostos aromáticos, especialmente compostos fenólicos provenientes da matéria-prima de origem ou de moléculas complexas como melanoidinas (PARNAUDEAU et al., 2008).

O pré-tratamento aplicado ao resíduo antes da sua disposição no solo afeta a cinética da decomposição. Em estudo em que a vinhaça foi concentrada por meio de evaporação, houve aumento na quantidade de compostos fenólicos e das frações insolúveis em ácido e, consequentemente, diminuição na fração lábil, induzindo a imobilização do N do solo no início da incubação, até os 40 dias (PARNAUDEAU et al., 2008).

No solo, a decomposição de substratos de maior resistência é iniciada por exoenzimas, que os hidrolisam, formando produtos solúveis, mais facilmente decomponíveis (DALENBERG; JAGER, 1989). A degradação de resíduos com alta porcentagem de carbono orgânico solúvel (aminoácidos, carboidratos etc.) leva a liberação imediata de CO_2 no solo. Simultaneamente ao aumento da concentração de CO_2, ocorre diminuição da concentração de O_2, deficiência de O_2 na rizosfera e, então, condições anaeróbias e redutoras.

A atividade microbiana intensa pode resultar em degradação da matéria orgânica preexistente no solo, o chamado efeito *priming* (termo sem tradução para o português). O nitrogênio inorgânico pode ser imobilizado pela incorporação aos tecidos microbianos e ficar temporariamente indisponível para as plantas. Produtos intermediários da degradação do resíduo orgânico, como ácidos graxos voláteis, alcoóis e fenóis, são tóxicos para plantas e em condições redutoras podem solubilizar metais. Devido a estes efeitos, é comum adicionar resíduos orgânicos ao solo algumas semanas antes da semeadura, para que os microrganismos degradem a fração orgânica lábil, reduzam a fitotoxicidade e liberem os nutrientes de plantas (BERNAL et al., 1998a).

A prática que substitui o tempo de reação do resíduo orgânico com o solo é a compostagem. A compostagem é um processo biológico de decomposição aeróbia, no qual ocorre transformação da fração orgânica lábil a CO_2, vapor de água e nutrientes na forma inorgânica, e do qual resulta uma fração orgânica mais estável, que após aplicação ao solo continuará se transformando mais lentamente. Desta forma, os efeitos colaterais da fase de máxima decomposição do resíduo ocorrem fora do solo.

A determinação da respiração permite avaliar se um resíduo orgânico é biodegradável no solo, bem como a rapidez e a extensão nas quais ele é mineralizado (ANDERSON, 1982). É através dos ensaios respirométricos que o efeito *priming* é detectado. O efeito *priming* positivo ocorre quando a adição de substâncias orgânicas ao solo causa mineralização do carbono orgânico (CO) preexistente no solo. Neste caso a quantidade de CO_2 evoluída do tratamento em que foi feita adição de resíduo é maior do que a quantidade de CO adicionada com o resíduo. O efeito *priming* negativo ocorre quando há redução ou imobilização do C (Figura 1) (KUZYAKOV et al., 2000). Em ambos os casos, as variações no CO do solo, para mais ou para menos, são pequenas, da ordem de miligramas de carbono por quilograma de solo. Quando se determina o CO total do solo por oxidação por via úmida, de modo geral a variação não é detectável, devido à menor sensibilidade do método.

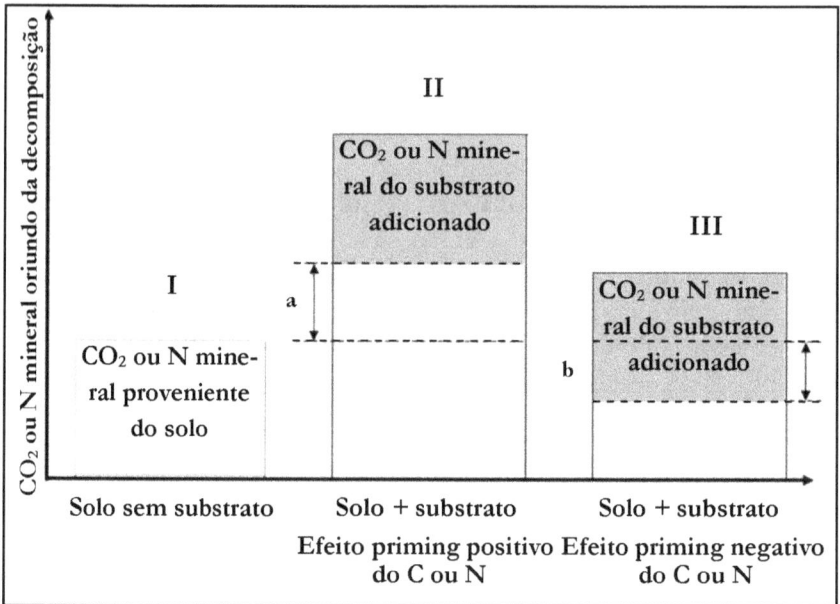

Figura 1. Esquema do efeito *priming*: I) decomposição da MOS, sem adição do substrato; II) efeito *priming* positivo: aceleração da decomposição, em que (a) representa a variação positiva da decomposição da MOS, com a adição do substrato; e III) efeito *priming* negativo: retardamento da decomposição, em que (b) representa a variação negativa da decomposição da MOS, com a adição do substrato.
Fonte: Adaptado de Kuzyakov et al. (2000).

A degradação de compostos orgânicos diminui à medida que seu grau de maturação aumenta (BERNAL et al., 1998b), o que significa que menor quantidade de CO é liberada como CO_2 e maior quantidade é incorporada à matéria orgânica do solo.

Trabalhando com diversos tipos de resíduos, Reis e Rodella (2002) determinaram que a ordem de liberação de CO_2 foi vinhaça>esterco bovino>lodo de esgoto>turfa, correspondendo a 65, 19, 17 e 2%, respectivamente, do CO adicionado, durante 38 dias de incubação, a 30ºC. Em outro estudo, Yagi et al. (2003) concluíram que o vermicomposto foi 80% mais eficiente em aumentar o teor de MOS de um Latossolo Vermelho de textura média, comparativamente ao esterco bovino que lhe deu origem, e a equivalência entre os resíduos para gerar a mesma quantidade de MOS, 21,6 t ha^{-1}, foi de 70 t ha^{-1} de esterco para 39 t ha^{-1} de vermicomposto, ambos em base seca.

Com aplicação de composto de lixo (0 a 120 t ha^{-1}, base seca), Mantovani et al. (2006) determinaram liberação de menos de 2% do CO adicionado em 168 dias de incubação. Como quase todo carbono orgânico adicionado na forma de composto permaneceu no solo, houve aumento linear dos teores de CO do solo em relação às quantidades aplicadas. Andrade et al. (2006) determinaram taxas de degradação de 7,16% para lodo de esgoto que foi estabilizado em lagoa de decantação por cerca de um ano e submetido à compostagem e desidratação em pilhas aeradas por 120 dias, e de 21,63% para lodos ativados, submetidos a tratamento anaeróbico com condicionadores.

De modo geral, o aumento da MOS do solo só é conseguido com aplicações repetidas e frequentes de adubos orgânicos em uma mesma área ou com aplicação de materiais previamente compostados. Do ponto de vista da fertilidade do solo, a consequência mais importante do aumento da MOS é o aumento da capacidade de troca de cátions (CTC). A maior parte da CTC dos solos cauliníticos-oxídicos é originada da MOS e isso faz a manutenção e ou aumento da MOS em solos de regiões tropicais, ser mais importante do que em solos de regiões temperadas (ZECH et al., 1997).

Aplicações isoladas, em ensaios de incubação de solos com resíduos podem resultar em aumento da MOS e da CTC. Quando os experimentos são conduzidos em sistema fechado, sem lixiviação, mesmo não havendo aumento no teor de MOS, pode ser observado aumento no valor de CTC obtido por soma das bases trocáveis mais a acidez total do solo. Este efeito é devido ao acúmulo de íons Ca^{2+}, Mg^{+} e K^{+} liberados da decomposição do resíduo, que permanecem no sistema, são quantificados na análise, mas que estão dissolvidos, fora do complexo de troca do solo. Este aspecto foi demonstrado por Guimarães et al. (2012) em amostras de solos tratadas com lodo biológico de indústria de gelatina, em sistema sem lixiviação. O resíduo não aumentou o teor de MOS e, portanto, a CTC determinada em pH 7,0, mas aumentou o pH e, com isso, a CTC efetiva. No entanto, o aumento no teor de bases obtido por soma das determinações isoladas ($Ca^{2+} + Mg^{2+} + K^{+} + Na^{+}$) foi maior do que o aumento na CTC efetiva, indicando que a maior parte dos cátions adicionados com o lodo permaneceu em solução e pode ser perdida por lixiviação.

Vários trabalhos têm sido realizados visando determinar o efeito da aplicação de adubos orgânicos na CTC do solo. Em um deles, com a aplicação de 70 t ha^{-1} de esterco bovino (base seca), a CTC determinada com solução de acetato de cálcio, pH 7,0, aumentou em 13 mmol$_c$ dm^{-3}, após 180 dias de incubação em condição controlada, como consequência de aumento de 3,5 g dm^{-3} de CO (YAGI et al., 2003).

Em condições de campo, a obtenção de aumentos desta magnitude é mais difícil. Em solo argilo-arenoso de região temperada, após 90 anos de aplicação de esterco, o CO total aumentou em 3,2 g kg^{-1} e a CTC em 16,7 mmol$_c$ kg^{-1} (SCHJØNNING et al., 1994) e após 100 anos de aplicação de esterco o CO total do solo aumentou em 3,5 g kg^{-1} (CHRISTENSEN, 1988). O experimento teve início em 1894, em Askov (Minnesota, EUA). Até 1972 o esterco foi adicionado nas doses de 5, 10 e 15 t ha^{-1} (base úmida). De 1923 a 1972, as parcelas receberam também 2, 4 e 6 t ha^{-1} de esterco líquido e, a partir de 1972, os materiais foram substituídos por esterco bovino com 60% do N total já na forma amoniacal, nas doses 12,5; 25,0 e 37,5 t ha^{-1} (base úmida) (CHRISTENSEN; JOHNSTON, 1997).

Por outro lado, aplicações de 90 t ha^{-1} de esterco bovino (base úmida), anualmente, por 25 anos, elevaram o teor de CO em 26,7 g kg^{-1} em parcelas não irrigadas, enquanto que aplicações de 180 t ha^{-1} aumentaram o teor em 57,1 g kg^{-1} em parcelas irrigadas (HAO et al., 2003). Neste caso, os autores determinaram, no vigésimo quinto ano, que para cada tonelada de CO incorporada por hectare, na forma de esterco, o CO do solo aumentou em 0,181 g kg^{-1} na camada de 0 a 15 cm de profundidade e em 0,0679 g kg^{-1}, na camada de 15 a 30 cm, indicando mobilização vertical de CO dissolvido. No mesmo experimento, aos 30 anos de adubação, o CO havia aumentado em 44,5 g kg^{-1} nas parcelas não irrigadas e em 94,9 g kg^{-1}, nas parcelas irrigadas (HAO et al., 2008).

Mesmo após aplicações repetidas por muitos anos, a interrupção das adubações leva a uma diminuição imediata do CO do solo, mas o novo teor de equilíbrio é acima do teor inicial, e se mantém por muitos anos (HAYNES; NAIDU, 1998). No entanto, em experimento com 30 anos de duração, nas parcelas em que a adubação com esterco bovino foi interrompida aos 14 anos, a avaliação feita 16 anos após a interrupção já não revelou diferenças no CO do solo entre as parcelas adubadas e não adubadas (HAO et al., 2008).

A explicação para a diminuição do teor de CO no solo com a interrupção da aplicação do resíduo é que o CO acumulado no solo é função da razão taxa de aplicação/taxa de decomposição. Quando a taxa de aplicação diminui, se a taxa de decomposição não diminuir na mesma proporção, o teor de CO acumulado no solo diminui, e isso justifica o comportamento relatado por Hao et al. (2008).

No Brasil não há, praticamente, experimentos de longa duração em áreas com aplicações de resíduos orgânicos repetidas no tempo. Eles são necessários para avaliar o comportamento e quantificar os efeitos dos resíduos na MOS. De qualquer modo, espera-se que os efeitos da aplicação dos resíduos sejam menos persistentes do que os relatos apresentados para solos de regiões de climas mais frios. A região amazônica, em função das temperaturas altas e da precipitação abundante, é particularmente favorável à decomposição dos resíduos e da MOS e o conhecimento teórico indica que a aplicação frequente de resíduos orgânicos torna-se uma condição para manutenção dos teores de MOS. Outros processos, como a formação de terra preta de índio por meio da pirólise parcial de resíduos orgânicos e que resultaram em áreas com elevados teores de carbono no solo, em condições termodinamicamente estáveis, não serão tratadas neste capítulo.

Reação do solo

A diminuição da acidez do solo, ou seja, aumento no valor de pH, após a aplicação de adubos orgânicos, é frequentemente relatada na literatura especializada (MAZUR et al., 1983; HERNANDO et al., 1989; SCHNITZER, 1991; FERREIRA; CRUZ, 1992; ALVES et al., 1999; WHALEN et al., 2000; REIS; RODELLA, 2002; YAGI et al., 2003; MANTOVANI et al., 2005), embora nem sempre seja observada (CHANG et al., 1990; BOEIRA; SOUZA, 2007).

Vários mecanismos de reação já foram propostos e, provavelmente em todos os casos, o resultado (aumento ou diminuição do valor de pH) reflete o balanço de vários processos simultâneos que geram e consomem H^+ e Al^{3+}, acompanhados de liberação, consumo e perda de cátions básicos (K^+, Ca^{2+} e Mg^{2+}).

Quando há diminuição no valor de pH, o principal mecanismo associado é a produção de H^+ na reação de nitrificação (BOEIRA; SOUZA, 2007). Chang et al. (1990) observaram decréscimo no valor de pH do solo adubado com esterco bovino, após onze aplicações anuais. A diminuição foi maior em áreas irrigadas, o que faz admitir que, além da nitrificação, o aumento na acidificação foi decorrente de maior lixiviação de NO_3^- e de cátions básicos acompanhantes.

Os mecanismos de elevação do pH dependem da composição química dos materiais (REIS; RODELLA, 2002). Esterco bovino, vinhaça e lodo de esgoto tratado com cal causaram elevação do pH já nos primeiros dias após o início da incubação. Dos três materiais, o esterco bovino e o lodo de esgoto foram os que resultaram em menor e maior variação no pH, respectivamente. O efeito do lodo de esgoto foi atribuído à sua grande quantidade de componentes alcalinos (íons carbonato provenientes da higienização com cal), que reagem rapidamente com os íons ácidos do solo, aumentando o pH, de forma independente das transformações microbianas da fração orgânica (REIS; RODELLA, 2002).

A variação no pH de amostras de solo tratadas com vinhaça acompanhou as variações na atividade microbiana (LEAL et al., 1983; REIS; RODELLA, 2002). Na primeira semana após a aplicação de 400 m^3 ha^{-1} de vinhaça o pH_{H2O} aumentou de 5,4 para 8,5, diminuiu na semana seguinte e estabilizou a partir da quinta semana em valor pouco acima do inicial. Do consumo de O_2 e da liberação de CO_2 em taxas elevadas resultou um ambiente redutor capaz de consumir prótons (H^+) do meio ao reduzir compostos oxidados (LEAL et al., 1983).

Durante a decomposição de estercos e outros adubos orgânicos, a concentração de HCO_3^- no solo aumenta, como resultado do aumento da concentração de CO_2. O ânion HCO_3^- é uma base fraca (QUAGGIO, 2000), que pode auxiliar na correção da acidez do solo. Whalen et al. (2000) calcularam que a quantidade de bicarbonato presente em amostras de solo adubadas com esterco bovino correspondeu a 5% da quantidade necessária para elevar o pH ao valor obtido com a dose de esterco aplicada.

Em experimento em colunas (tubos de PVC) preenchidas com solo das camadas de 0 a 20, 20 a 40 e 40 a 60 cm, Mantovani et al. (2005) observaram aumento do valor de pH na camada de incorporação do composto de lixo (0 a 20 cm), bem como na camada de 20 a 40 cm de profundidade. Esse efeito no pH do solo, inclusive em profundidade, foi atribuído à presença de ligantes (COO⁻ e O⁻) no composto, que, ao serem liberados, adsorveram H^+ da solução do solo por meio de reação de troca, principalmente com íons Ca^{2+}. Estes compostos orgânicos podem ser oxidados, liberando CO_2 e H_2O.

Outras teorias propostas para explicar o efeito corretivo do composto de lixo são: presença de humatos alcalinos no composto; produção de OH⁻ quando o oxigênio da solução do solo atua como receptor de elétrons provenientes da oxidação microbiana do carbono orgânico do resíduo; consumo de H^+ e complexação de H^+ e Al^{3+} pelo composto (ABREU JUNIOR et al., 2000; OLIVEIRA et al., 2002).

O alumínio é componente dos adubos orgânicos e a sua aplicação ao solo faz o teor total aumentar. Simultaneamente ao aumento do teor total, com o aumento do pH provocado pelo próprio adubo, a concentração da forma mais tóxica (Al^{3+}) diminui, a concentração das formas associadas à MOS aumenta, e a concentração associada às formas minerais não cristalinas aumenta (VIEIRA et al., 2008).

O valor de pH do solo varia durante o processo de transformação dos adubos orgânicos. A aplicação de dose equivalente a 20 t ha⁻¹, em base seca, com incorporação na camada de 0 a 20 cm, de estercos de frango, suíno e bovino, e de lodo de esgoto, causou aumento no valor de pH, seguido de diminuição com o tempo de incubação. O aumento no valor de pH foi relacionado com as características dos resíduos (pH entre 6,1 e 7,8 e teor de $CaCO_3$ entre 2,1 e 21,7%) e ao consumo de prótons por grupos fenólicos, carboxílicos e enólicos dos materiais humificados, enquanto a diminuição do pH foi associada à nitrificação. Simultaneamente ao aumento do pH do solo, os teores de alumínio trocável e da solução do solo (total e monomérico) diminuíram, provavelmente em decorrência da complexação do alumínio monomérico pelas substâncias orgânicas solúveis presentes nos resíduos (NARAMABUYE; HAYNES, 2007).

O grau de maturação do adubo orgânico também ajuda a definir o seu efeito na reação do solo e, de modo geral, materiais compostados causam maior aumento no valor de pH, ou seja, a reação do solo torna-se menos ácida. Esterco e vermicomposto de esterco, ambos em doses equivalentes a 70 t ha^{-1}, aumentaram o valor de pH de amostras de solo, independentemente do pH inicial; porém o vermicomposto resultou em valores cerca de 0,5 unidade maiores (YAGI et al., 2003, Figura 2).

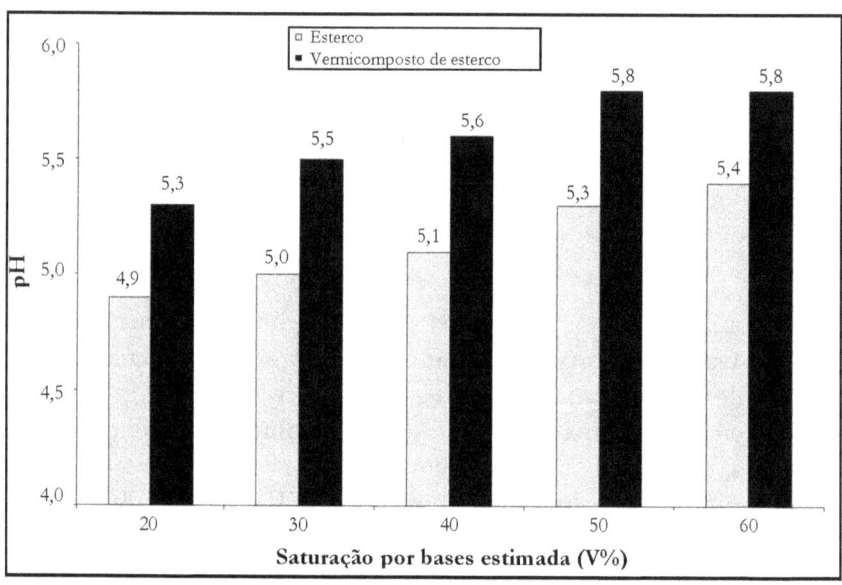

Figura 2. Comparação entre os efeitos da aplicação de 70 t ha^{-1} (base seca) de vermicomposto e esterco, na reação do solo, em amostras com acidez corrigida para valores de V entre 20 e 60%.
Fonte Yagi et al. (2003).

O efeito dos adubos orgânicos na correção da acidez, mesmo que pequeno e temporário, deve ser aproveitado. No entanto, o uso de corretivos de acidez específicos também deve ser feito, para manter a reação do solo em condições adequadas para as culturas. Por outro lado, é preciso ter avaliações locais do comportamento da reação do solo frente a aplicação de resíduos para, inclusive, prever a necessidade de aplicação de calcário adicional, nos casos em que o resíduo causa acidificação.

Nitrogênio

O ciclo do nitrogênio pode ser dividido em externo e interno. No ciclo externo estão incluídos os processos de adição e remoção do N aos solos: fixação biológica de N_2, deposição atmosférica, adubação, lixiviação, erosão, desnitrificação e volatilização da amônia.

O ciclo interno inclui os processos que convertem o N de uma forma química para outra e transferem o N entre os reservatórios orgânico e mineral do solo (HART et al., 1994). Entre os processos do ciclo interno do N estão a absorção de N pelas plantas e a devolução e reciclagem dos resíduos vegetais.

Na reciclagem dos resíduos estão incluídos a mineralização (conversão do N orgânico a N inorgânico), a nitrificação (conversão de N orgânico ou $N-NH_4^+$ a nitrito, $N-NO_2^-$, e posteriormente a nitrato, $N-NO_3^-$) e a imobilização microbiana (absorção do N inorgânico pelos microrganismos e conversão a N orgânico). As transformações do ciclo interno do N (portanto excluindo as entradas por adubação e precipitação pluvial, e as saídas por volatilização de NH_3 e lixiviação de NO_3^-), estão na Figura 3, conforme esquema de Davidson et al. (1992).

O N orgânico do solo, constituído por proteínas, quitinas, aminoaçúcares e ácidos nucleicos, representa mais de 95% do N-total (PIERZYNSKI et al., 2005). Se, como já comentado, para a fertilidade do solo a implicação mais importante do aumento do CO é o aumento da CTC, a segunda é o aumento do N-total do solo decorrente do aumento do N orgânico.

A aplicação anual de esterco bovino por 25 anos em solo argiloso resultou, para cada tonelada de N aplicado por hectare, em aumento do N-total de 0,192 g kg^{-1} na camada de 0-15 cm de profundidade, e de 0,0721 g kg^{-1}, de 15-30 cm de profundidade, acompanhando o aumento no CO (HAO et al., 2003). Aos 30 anos de adubações sucessivas com 180 t ha^{-1} de esterco (base úmida), a variação no N-total entre as áreas não adubadas e adubadas era de 2,71 para 13,1 g kg^{-1}, na camada de 0-15 cm de profundidade, e de 1,84 para 10,07 g kg^{-1}, na camada de 15-30 cm (HAO et al., 2008).

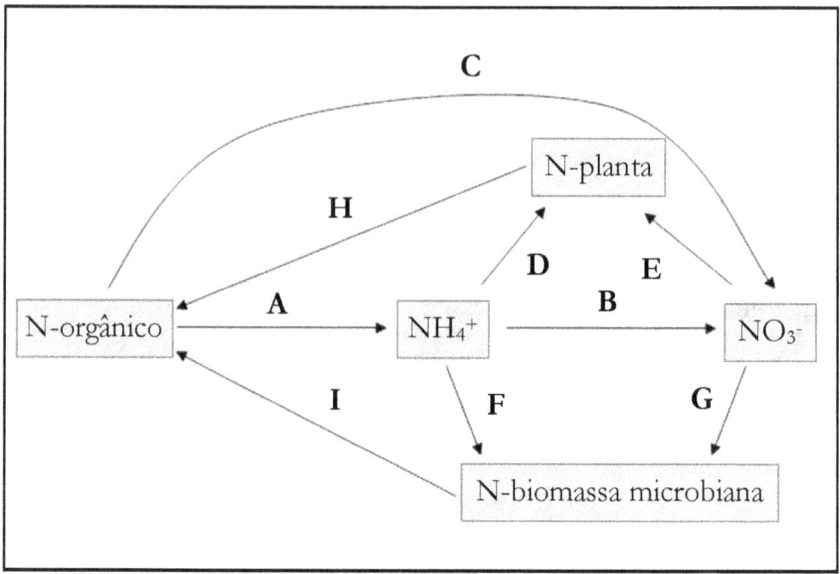

Figura 3. Transformações relevantes do ciclo interno do N no solo. A = mineralização bruta; B = nitrificação bruta com o NH_4^+ como substrato (microrganismos autótrofos e possivelmente heterótrofos); C = nitrificação bruta com o N-orgânico como substrato (apenas heterótrofos); D e E = absorção de NH_4^+ e de NO_3^- pelas plantas, respectivamente; F e G = imobilização bruta (assimilação microbiana) de NH_4^+ e de NO_3^-, respectivamente; H e I = adição de N-orgânico das plantas e microrganismos, respectivamente, via morte, descamação e exsudação. A mineralização líquida medida por métodos de incubação em laboratório e em sacos enterrados no campo é [(A + C) – (F + G)], ou seja, N mineralizado – N imobilizado. Similarmente, a nitrificação líquida é [(B + C) – G], ou seja, N-NO_3^- produzido – N-NO_3^- imobilizado.
Fonte: Davidson et al. (1992).

A mineralização do N orgânico (Figura 3, A) ocorre em duas etapas: aminização e amonificação. Na primeira, as proteínas são convertidas em aminoácidos, aminas e ureia. Na etapa seguinte, as formas derivadas das proteínas são convertidas em N-NH_4^+. Em ambas atuam numerosas espécies de microrganismos heterótrofos. As reações são conhecidas e foram resumidas por Havlin et al. (2005):

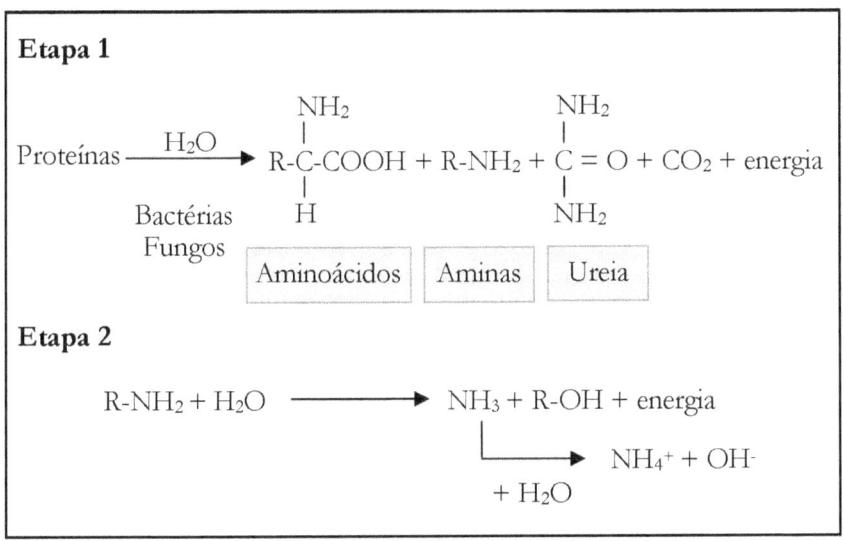

Figura 3A. Etapa 1: Aminização; Etapa 2: Amonificação.

Condições ótimas de ocorrência das reações são associadas com 50 a 70% de umidade nos solos e temperatura entre 25 e 35°C (HAVLIN et al., 2005). O $N\text{-}NH_4^+$, decorrente da hidrólise da NH_3 e considerado o primeiro produto mineral do processo, pode ser absorvido pelas plantas ou microrganismos (Figura 3, D e F, respectivamente), adsorvido aos coloides, perdido por volatilização na forma de NH_3 ou, preferencialmente, em solos aerados, convertido a $N\text{-}NO_3^-$ (Figura 3, B).

A conversão de $N\text{-}NH_4^+$ ou $N\text{-}NH_3$ a $N\text{-}NO_3^-$ é conhecida como nitrificação e ocorre em duas etapas: inicialmente $N\text{-}NH_4^+$ ou $N\text{-}NH_3$ é convertido a $N\text{-}NO_2^-$, o qual, em seguida, é convertido a $N\text{-}NO_3^-$. As duas etapas ocorrem sob a atuação de bactérias autótrofas específicas, respectivamente, *Nitrosomonas* e *Nitrobacter*. Nestas reações, poucos heterótrofos podem ter participação, com eficiência muito menor, e atuação em condições adversas para as bactérias autótrofas, como acidez alta, por exemplo (SAHRAWAT, 2008). Também neste caso as reações são conhecidas e foram apresentadas por Havlin et al. (2005) da seguinte maneira:

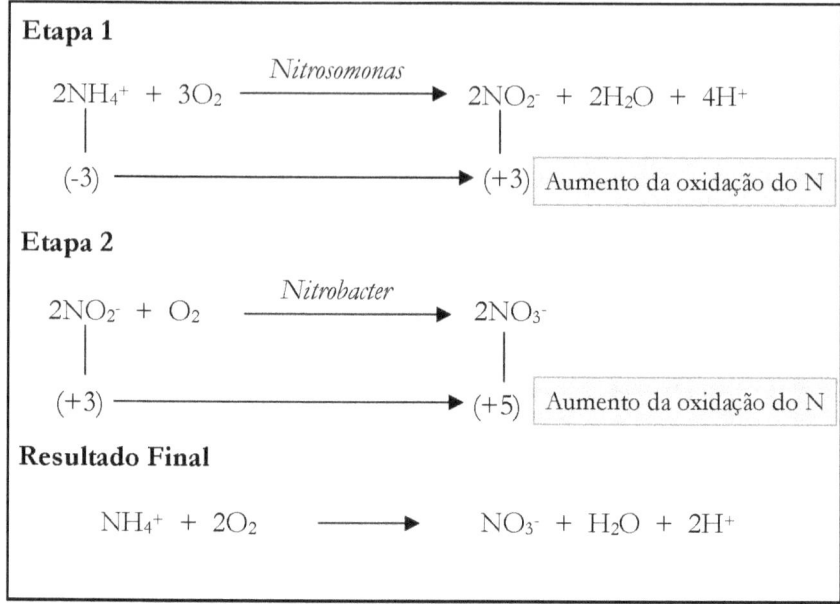

Figura 3B. Etapa 1: Nitritação; Etapa 2: Nitratação.

Aeração (oxigênio), temperatura, umidade, abundância de íons amônio e população e diversidade de organismos nitrificadores são os fatores ambientais mais importantes que afetam a nitrificação. A nitrificação máxima é atingida quando a concentração de oxigênio no ar é de cerca de 20% (semelhante à concentração do ar atmosférico) e a umidade está próxima da capacidade de campo (-33 kPa em solos de textura argilosa-média, e 0 a -10 kPa em solos arenosos) (SAHRAWAT, 2008).

O intervalo de temperatura do solo para que a nitrificação ocorra varia entre 25 e 30°C, com o ótimo a 25°C (HAVLIN et al., 2005; SAHRAWAT, 2008). Há inclusive, uma relação entre clima e temperatura ótima para nitrificação, de modo que em solos tropicais a temperatura ótima parece ser maior do que em solos de regiões temperadas (SAHRAWAT, 2008).

A reação do solo é o principal fator que regula o processo de nitrificação, que ocorre entre valores de pH de 4,5 a 10,0, com o ótimo em torno de 8,5 (HAVLIN et al., 2005). Como um dos produtos da reação de nitrificação é o H^+, a acidez auto-induzida pode reduzir a taxa de nitrificação (STRONG et al., 1997).

O nitrato produzido, além de ser absorvido pelas plantas (Figura 3, E), imobilizado pelos microrganismos (Figura 3, G) e desnitrificado, é facilmente perdido por lixiviação.

Nos resíduos orgânicos o nitrogênio predomina em formas orgânicas e na forma inorgânica de NH_4^+ (Tabela 1). A forma nítrica ocorre em concentrações muito baixas, de modo geral desprezíveis, ou está ausente. Para amostras de esterco de gado de corte confinado, Eghball (2002) relatou teores médios de 11,7 g kg^{-1} de N total, 752 mg kg^{-1} de $N-NH_4^+$ e 47 mg kg^{-1} de $N-NO_3^-$ (base seca). Também em amostras de esterco bovino, Hao et al. (2003) obtiveram teor médio de $N-NO_3^-$ de 0,2 g kg^{-1}, o que representou apenas 1,4% do N-total médio e foi cerca de sete vezes menor do que o $N-NH_4^+$.

Após compostagem dos resíduos orgânicos, a forma mineral predominante do nitrogênio deixa de ser o NH_4^+, devido à conversão em $N-NO_3^-$ e às perdas de NH_3. Em amostras de esterco de gado de corte submetidas a compostagem, Eghball (2002) determinou 8,5 g kg^{-1} de N, 89 mg kg^{-1} de $N-NH_4^+$ e 208 mg kg^{-1} $N-NO_3^-$ (base seca).

De modo geral, as formas orgânicas de nitrogênio predominam nos resíduos orgânicos, mas dependendo do resíduo pode haver inversão, como é o caso dos dejetos líquidos de suínos (Tabela 1).

Os atributos dos adubos orgânicos que influenciam as transformações que o nitrogênio sofrerá no solo são a concentração de nitrogênio e a proporção entre as formas orgânica e amoniacal, a relação C/N, o grau de maturação e a biodegradabilidade do carbono do material. Um dos principais atributos é a relação C/N (SIMS, 1995). Uma vez aplicadas aos solos, as formas orgânicas de N, dependendo da relação C/N do resíduo, sofrerão as transformações resumidas nas reações de mineralização e nitrificação, ou sofrerão imobilização microbiana.

Quando a relação C/N do resíduo é alta, uma parte do carbono será assimilada pelos microrganismos e outra será mineralizada e perdida na forma de CO_2, em ambientes aerados. Simultaneamente à assimilação do C pelos microrganismos, ocorre a assimilação do N, mas se o resíduo for pobre em N (relação C/N alta), parte do N será fornecido pelo reservatório de N disponível (NH_4^+ e NO_3^-) do solo, o que resulta em imobilização (C, Figura 3). Como o reservatório de N disponível no solo, de modo geral, é pequeno, a velocidade de decomposição de resíduos de relação C/N alta é normalmente limitada pela deficiência de N.

Tabela 1. Teores de N total, orgânico e amoniacal em resíduos orgânicos, expressos com base em matéria seca

Adubo orgânico	N total	N orgânico		N-NH$_4^+$		Fonte
	g kg^{-1}	g kg^{-1}	%	g kg^{-1}	%	
Esterco bovino (gado de corte)[1]	15,9	14,3	89,7	1,4	8,9	Hao et al. (2003)
Esterco de galinha	45,9	44,4	96,7	1,5	3,3	Castellanos e Pratt (1981)
Esterco suíno	38,6	37,2	96,3	1,4	3,7	Castellanos e Pratt (1981)
Esterco bovino (gado de leite)	28,7	28,0	97,3	0,8	2,7	Castellanos e Pratt (1981)
Dejeto líquido de suínos	79,8	27,3	34,2	52,4	65,7	Dendooven et al. (1998)
Lodo de indústria de gelatina	67,9	52,0	76,6	15,9	23,4	Taniguchi (2010)

[1]Valores médios obtidos de amostras provenientes de aplicações anuais, por 25 anos. Neste caso, como foi feita a determinação de N-NO$_3^-$ nas amostras, a soma dos valores percentuais de Norg e N-NH$_4^+$ da tabela não resulta em 100%, e a diferença aproximada é N-NO$_3^-$. Nos demais casos citados, o N-NO$_3^-$ não foi determinado e, por isso, na totalização (somando as colunas Norg+N-NH$_4^+$, em %) tem-se 100%.

Ao contrário, resíduos com relação C/N baixa resultam em mineralização do nitrogênio e se decompõem mais rapidamente. Valores de relação C/N maiores que 30 são considerados altos e menores do que 20, baixos, e são respectivamente associados com imobilização e mineralização de nitrogênio. Neste intervalo, as taxas de mineralização e imobilização são consideradas equivalentes (STEVENSON, 1986).

Apesar dos intervalos, aplicação de grandes quantidades de resíduos ricos em CO solúvel podem resultar em imobilização na fase inicial do processo de decomposição por um período (uma a duas semanas). Por exemplo, em estudo em que houve a aplicação de 300 m^3 ha^{-1} de dejetos de suínos, ocorreu a imobilização microbiana nos primeiros sete dias de incubação, constatada pela diminuição no teor de N-inorgânico do solo em relação ao tempo zero. Após este período, houve aumento dos teores de N-inorgânico no solo até os 129 dias de incubação, indicando a mineralização do N (PLAZA et al., 2005).

No N-orgânico dos estercos há uma fração relativamente instável, na forma de ureia dissolvida, e uma fração relativamente mais estável, componente do material sólido. A ureia hidrolisa rapidamente a N-NH_4^+ e é, em curto intervalo de tempo, convertida a NH_3 quando o pH aumenta. A fração orgânica das fezes é mais estável e mineraliza mais lentamente. Em função disso, é possível definir uma taxa de decomposição para o N do resíduo que considera a quantidade de N que será disponibilizada no primeiro cultivo e a quantidade que sofrerá mineralização gradual e será disponibilizada nos anos subsequentes. Para esterco bovino (gado de leite) foi determinada a série 21, 9, 3, 3 e 2. O primeiro número representa a quantidade mineralizada no primeiro ano, expressa como porcentagem do N total aplicado na forma de esterco, o segundo número representa a porcentagem do N residual do primeiro ano que mineralizou no segundo ano, e assim sucessivamente (KLAUSNER et al., 1994). Em experimento de longa duração, 56% do N aplicado foi disponibilizado durante período de quase 20 anos (CHANG; JANZEN, 1996).

As formas de N também variam em função da fase da decomposição. Nos primeiros dias após a aplicação de adubos orgânicos aos solos há predominância da forma de N-NH_4^+ sobre a de N-NO_3^-. A persistência de N-NH_4^+ durante o período inicial de incubação nos solos que receberam dejetos de suínos tem sido atribuída à quantidade adicionada dessa forma nitrogenada (ver Tabela 1), a qual inibe o crescimento de microrganismos nitrificadores ou de comunidades capazes de imobilizá-lo (PLAZA et al., 2005).

No entanto, mesmo resíduos nos quais a forma de N predominante é a orgânica e a relação C/N é baixa, independentemente do grau de estabilidade dos compostos de CO do material, há predominância de $N-NH_4^+$ na fase inicial de decomposição, como relataram Calderón et al. (2004) para esterco bovino; Mantovani et al. (2006) para composto de lixo; e Taniguchi (2010) para lodo biológico de indústria de gelatina.

Em solos tratados com composto de lixo (Mantovani et al., 2006) e com lodo biológico de indústria de gelatina (TANIGUCHI, 2010) foi constatado que o pico na concentração de $N-NH_4^+$ ocorreu sete dias após o início da incubação, porém houve maior concentração deste íon no solo tratado com lodo (Figura 4). Para isso contribuíram a maior concentração de compostos orgânicos solúveis no lodo de gelatina e a proporção elevada de $N-NH_4^+$ em relação ao N-total no próprio lodo (23,4%, Tabela 1).

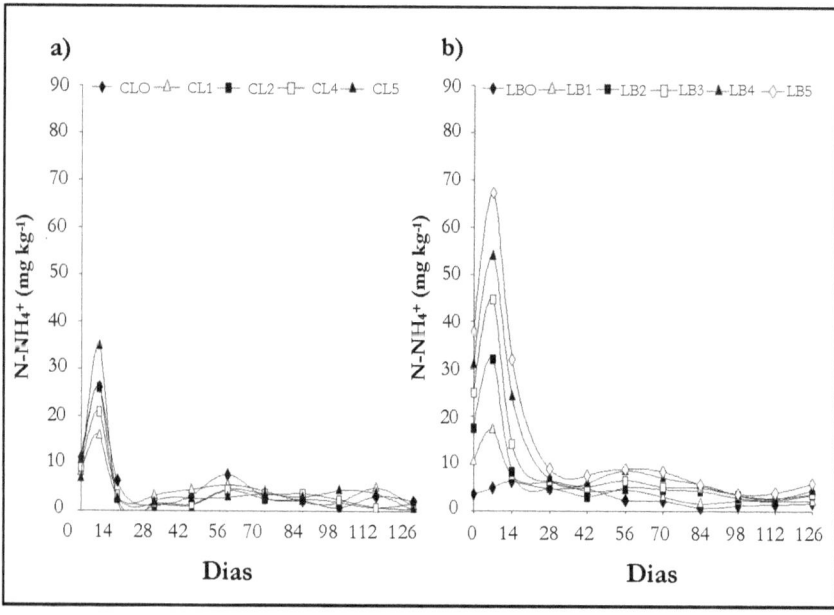

Figura 4. Teores de $N-NH_4^+$ em solos fertilizados com composto de lixo urbano (4a) e lodo biológico de indústria de gelatina (4b) após 126 dias de incubação.
Fonte: Mantovani et al. (2006); Taniguchi (2010).

Na fase em que há aumento na concentração de $N-NH_4^+$, dependendo do pH do solo e do resíduo, ou do aumento do pH do solo causado pelo resíduo, há risco de perda de maiores quantidades de NH_3 por volatilização (conversão de NH_4^+ a NH_3 em meio alcalino). Amanullah (2007) observou que a aplicação de esterco de aves, na dose de 5 g kg^{-1}, apresentou rápida mineralização e o máximo teor de N disponível no solo foi determinado aos 15 dias de incubação. Entretanto, devido à reação alcalina do solo, houve redução no teor de N disponível com o aumento do tempo de reação do esterco com o solo, provavelmente devido às perdas por volatilização.

Concluída a fase inicial de decomposição, que dura em média 15 dias em condições adequadas para mineralização, a forma nítrica passa a predominar e, quanto maior a rapidez de liberação de $N-NO_3^-$ a partir do resíduo, maior o potencial para perdas por lixiviação.

Os estercos mais comumente utilizados como fertilizantes orgânicos (bovino, suíno e avícola) apresentam concentrações consideráveis de N e as relações C/N são comumente médias ou baixas. Os animais usam somente cerca de 20 a 25% do N ingerido, e o restante do N fornecido na alimentação é excretado nas fezes (CHANG; JANZEN, 1996). Na criação extensiva de gado, a redistribuição e a reciclagem ocorrem naturalmente. Nas criações intensivas de aves e suínos, como o custo do transporte limita o raio de aplicação viável dos estercos, há tendência de aumento da quantidade aplicada e do número de aplicações em áreas próximas às áreas de geração. Nestas áreas em que as aplicações de grandes quantidades de resíduos orgânicos se repetem no tempo, há maior risco de contaminação ambiental provocada pela lixiviação de grandes quantidades de NO_3^-, devido ao uso excessivo do nitrogênio. Mesmo em áreas de agricultura familiar no Nordeste do Brasil já foi detectada aplicação de nutrientes na forma de esterco bovino em quantidade superior à exigida pelas culturas, com acúmulo de macronutrientes no solo (GALVÃO et al., 2008). Para evitar os riscos de contaminação é preciso estimar quanto do N aplicado no adubo orgânico será convertido às formas disponíveis para as plantas (mineralizado) durante o seu ciclo de crescimento.

A determinação da mineralização líquida do N orgânico, que é obtida subtraindo do N-mineralizado, o N-imobilizado [(A+C)-(F+G) da Figura 3], é feita mais frequentemente empregando métodos de incubação de amostras de solo em condições controladas de temperatura, umidade e disponibilidade de nutrientes. O potencial de mineralização líquida do N orgânico é estimado por meio de ajuste a modelos matemáticos, entre os quais o mais utilizado é o exponencial de crescimento, ou modelo exponencial simples, que foi proposto por Stanford e Smith (1972) para o ajuste dos resultados obtidos com método de incubação aeróbia de solo de longa duração.

No modelo é admitido que a taxa de mineralização do N orgânico é proporcional ao substrato mineralizável, e ele é expresso pela equação: $N_{mac} = N_0(1-e^{-kt})$, em que N_{mac} = N mineralizado acumulado; N_0 = N potencialmente mineralizável; k = constante da taxa de mineralização e t = tempo. Mantovani et al. (2006) e Taniguchi (2010) ajustaram os dados de mineralização de N obtidos em ensaios de incubação de solo com composto de lixo e lodo biológico de indústria de gelatina, respectivamente, ao modelo de Stanford e Smith (1972) (Figuras 5a e 5b). Os parâmetros das equações estão na Tabela 2.

A fração do N-orgânico que é transformada em N-inorgânico é denominada pela CETESB (1999) de fração de mineralização de nitrogênio. A partir dela e da quantidade do nutriente recomendada para determinada cultura é possível calcular a dose de adubo orgânico recomendada (taxa de aplicação), de modo a satisfazer as necessidades de nitrogênio das plantas e evitar a produção de nitrato em quantidades excessivas, que podem lixiviar e comprometer a qualidade das águas subsuperficiais.

Na Tabela 2 estão apresentadas as frações de mineralização do composto de lixo avaliado por Mantovani et al. (2006) e do lodo biológico de indústria de gelatina estudado por Taniguchi (2010). A fração de mineralização média do N-org de composto de lixo, cerca de 12%, coloca o material na condição de fertilizante de liberação lenta de N para as culturas. Por outro lado, a fração de mineralização do lodo biológico, cerca de 90%, implica que praticamente todo o N aplicado na forma de lodo pode ser disponibilizada durante o ciclo de crescimento de uma cultura anual.

A meia vida (Tabela 2) indica que com uma semana, no caso do lodo e duas no caso do composto de lixo, 50% do N potencialmente mineralizável dos resíduos terá sido mineralizada, em condições favoráveis. Os exemplos apresentados evidenciam a necessidade de estudos que particularizem resíduos e condições locais de solo e clima e que, na medida do possível, sejam validados em condições de campo, em experimentos que contemplem aplicações repetidas no tempo.

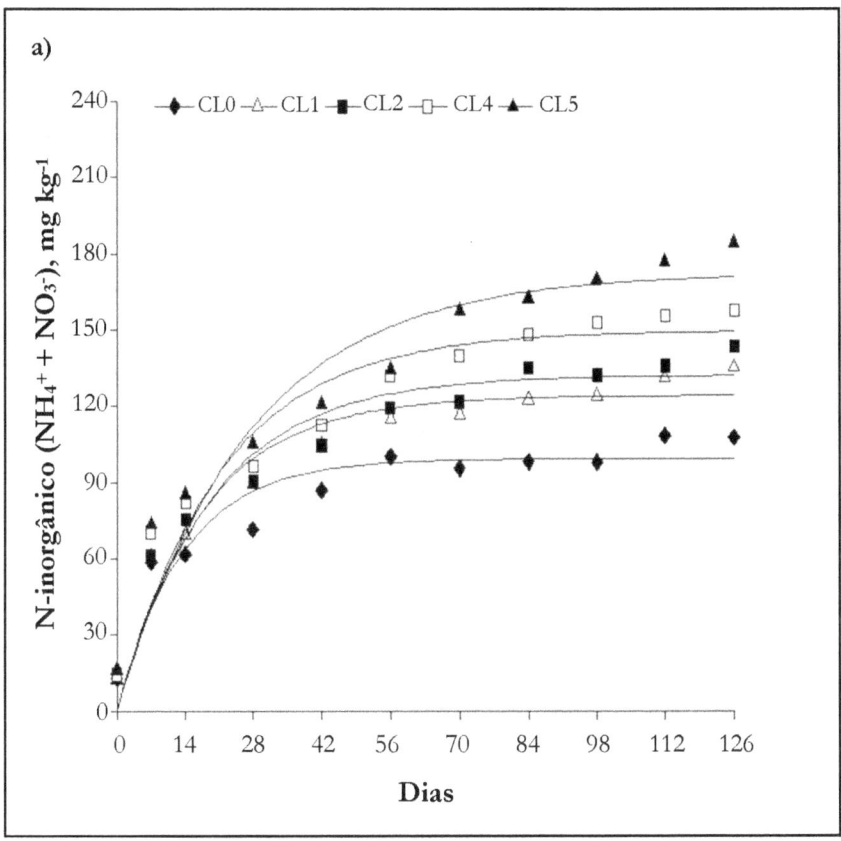

Figura 5a. N-inorgânico em solos fertilizados com composto de lixo urbano, após 126 dias de incubação.
Fonte: Mantovani et al. (2006).

A medida da mineralização real de N só pode ser feita em condições de campo. Considerando a complexidade das transformações, mais as entradas e saídas de N do solo, é fácil admitir que o valor real é muito difícil de ser obtido, mas há métodos que permitem avaliação em condições de campo, entre os quais estão o método dos sacos de polietileno enterrados (ENO, 1960), o dos tubos cobertos (ADAMS; ATTIWILL, 1986) e o dos tubos abertos com resina trocadora de íons (DISTEFANO; GHOLZ, 1986).

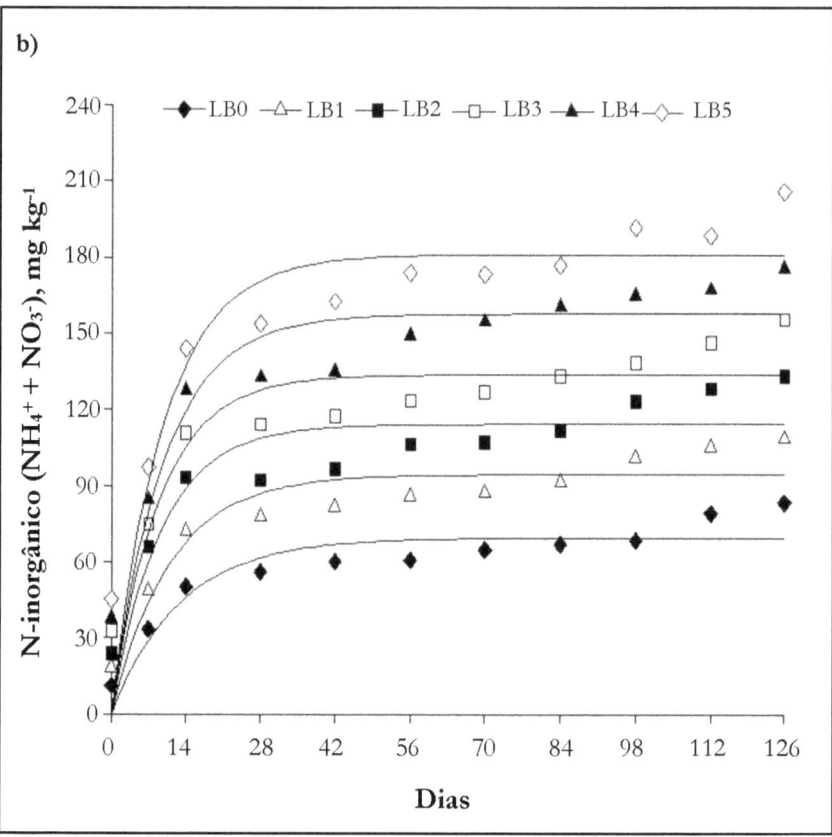

Figura 5b. N-inorgânico em solos fertilizados com composto de lodo biológico de indústria de gelatina, após 126 dias de incubação.
Fonte: Taniguchi (2010).

Eno (1960) propôs o uso de sacos de polietileno, material que permite troca de gases, para incubação de amostras de solo que são enterradas a profundidade desejada, por alguns dias ou semanas, para incubação. A umidade do solo é ajustada antes da implantação do sistema e permanece praticamente constante durante a incubação, mas o método é sensível às flutuações de temperatura.

O método dos tubos cobertos (ADAMS; ATTIWILL, 1986) foi desenvolvido como uma alternativa para os sacos enterrados, porque pode permanecer no solo por mais tempo e é menos sujeito a danos (HANSELMAN et al., 2004). Neste caso são enterrados tubos de PVC ou metal, com perfurações laterais para permitir aeração, e tampados na parte superior para evitar a entrada da água das chuvas. Tanto no método dos sacos enterrados como no método dos tubos cobertos há risco de perda de N mineralizado, e, particularmente no último caso, pode haver perda de N mineralizado por absorção pelas raízes que penetram pelos orifícios do tubo, subestimando, deste modo, o valor final de N mineralizado.

Tabela 2. Quantidade de N aplicado no solo, parâmetros N_0 e k de ajuste ao modelo cinético de primeira ordem, meia-vida ($T\frac{1}{2}$) e fração de mineralização (FM) de doses de composto de lixo urbano e de lodo biológico de indústria de gelatina

Resíduo	N aplicado no solo	N_0	k	$T\frac{1}{2}$	FM
	mg kg^{-1}	mg kg^{-1}	dia^{-1}	dias	%
Composto de lixo[1]					
CL0	-	99	0,0735	9	-
CL1	157	124	0,0572	12	18
CL2	315	132	0,0516	13	11
CL3	472	150	0,0468	15	10
CL4	629	172	0,0374	19	12
Lodo biológico[2]					
LB0	-	70	0,0772	9	-
LB1	27	95	0,0901	8	94
LB2	54	114	0,1078	6	93
LB3	81	134	0,1111	6	89
LB4	108	158	0,1021	7	88
LB5	135	181	0,1020	7	91

Modelo: $N_m = N_0.(1 - e^{-kt})$, em que N_m é o N inorgânico mineralizado (mg kg^{-1}) no tempo t (dias); N_0 é o N-potencialmente mineralizável (mg kg^{-1}) e k é a constante de mineralização (dia^{-1}). $T\frac{1}{2} = (\ln 2)/k$. FM = $(N - N_0).100/N_{adicionado}$, em que FM é a fração de mineralização (%); N é o N-inorgânico no tratamento com composto ou lodo (mg kg^{-1}); N_0 é o N-inorgânico no tratamento sem composto ou lodo (mg kg^{-1}) e o $N_{adicionado}$ é quantidade de N adicionada (mg kg^{-1}). [1]CL0; CL1; CL2; CL3 e CL4: 0; 30; 60; 90 e 120 t ha^{-1} de composto de lixo urbano (base seca), respectivamente. [2]LB0; LB1; LB2; LB3; LB4 e LB5: 0; 100; 200; 300; 400 e 500 m^3 ha^{-1} de lodo biológico de indústria de gelatina, respectivamente. Fonte: modificado de Mantovani et al. (2006) e Taniguchi (2010).

O método da resina trocadora de íons é a técnica *in situ* mais adequada para avaliar o N mineralizado (HANSELMAN et al., 2004). No método da resina (DISTEFANO; GHOLZ, 1986) a incubação de amostra intacta de solo é feita em tubo de PVC ou metal com sacos de material permeável na base contendo resinas trocadoras de íons, que adsorvem o N-inorgânico mineralizado e lixiviado da amostra. Com este método a temperatura, a umidade e a aeração do solo contido no tubo sofrem flutuações semelhantes às do solo que está externamente a ele (HANSELMAN et al., 2004; WIENHOLD et al., 2007).

Quando resíduos orgânicos são aplicados aos solos, de todos os processos que são desencadeados, as transformações do carbono e do nitrogênio são as mais relevantes dos pontos de vista agronômico e ambiental. No caso particular do nitrogênio, as pesquisas no Brasil têm avançado de forma relativamente rápida nos últimos anos, com ênfase em resíduos como lodo de esgoto e composto de lixo. De fato, como estes resíduos podem e serão produzidos em todos os municípios, o acúmulo de informações sobre seu comportamento no solo são necessários para nortear a definição ou a readequação das regras de uso.

No entanto, outros resíduos importantes do ponto de vista agrícola, apesar do uso milenar, como é o caso dos estercos, foram pouco estudados até hoje no Brasil, ou a pesquisa foi feita enfatizando a produção agrícola, sem preocupação com os reflexos do uso no ambiente. Na literatura comentada neste item, no qual foi, de forma proposital, dada ênfase aos estercos de animais, há predomínio absoluto de relatos de pesquisas feitas fora do País, pela ausência de pesquisas locais, sobretudo com resultados obtidos em experimentos de longa duração. Estas lacunas precisam ser preenchidas para que, em áreas de uso agrícola mais recente, como ocorre na região Amazônica, não se cometam erros já cometidos em outras regiões do País.

Por isso, a aplicação dos métodos apresentados neste item para estimativa da mineralização do nitrogênio em áreas de aplicação de resíduos na Região Amazônica, inicialmente em laboratório, mas com complementação em campo, precisa ser implementada em intervalo de tempo relativamente curto, para que a pesquisa auxilie na reutilização adequada dos nutrientes e na sustentabilidade dos sistemas de produção.

Enxofre

Do mesmo modo como ocorre com o nitrogênio, o enxofre predomina nos solos na forma orgânica. Em solos do Brasil, a forma orgânica representa 89% do S total (NEPTUNE et al., 1975). As formas inorgânicas de enxofre são transformadas em formas orgânicas, e as formas imobilizadas podem ser mineralizadas, produzindo enxofre inorgânico disponível para a absorção das plantas. Esses processos ocorrem simultaneamente e são mediados por microrganismos do solo (KERTESZ; MIRLEAU, 2004). Assim, as semelhanças entre N e S vão além da predominância da forma orgânica. A diferença é que, pela importância, as transformações do N no solo são muito melhor conhecidas e já foram estudadas à exaustão, mas ambas ocorrem simultaneamente e todos os fatores que afetam a atividade microbiana e as transformações do N, exercerão efeito nas transformações do S.

O S orgânico encontra-se no solo principalmente nas formas redutíveis e não redutíveis pelo ácido iodídrico (HI). A fração redutível pelo HI é composta basicamente por ésteres de sulfato. Entretanto, outras formas podem ocorrer no solo, uma vez que o HI faz a redução do S de ésteres de sulfato (-C-O-S-), do ácido sulfâmico (-C-N-S) e do segundo S* da S-sulfocisteína (-C-S-S*-) a H_2S. A fração não reduzida pelo HI, obtida pela diferença entre o S orgânico total e o redutível pelo HI, é o S ligado ao C, e nela incluem-se os aminoácidos, as mercaptanas, os dissulfetos, as sulfonas e os ácidos sulfônicos (FRENEY, 1986). Nos solos do Brasil, as frações ésteres de sulfato, S ligado ao C e outras formas orgânicas não identificadas corresponderam a 45, 8 e 47% do S orgânico, respectivamente (NEPTUNE et al., 1975).

A mineralização do S no solo ocorre tanto biológica quanto bioquimicamente. Na mineralização biológica, o S inorgânico é um subproduto proveniente da oxidação de compostos orgânicos (S ligado ao C) a CO_2, devido à necessidade de energia por parte dos microrganismos. Na bioquímica, o S inorgânico é liberado das formas orgânicas (ésteres de sulfato) por meio de catálise enzimática externa à membrana das células e controlada pelo suprimento e pela necessidade de S inorgânico (MCGILL; COLE, 1981).

Havlin et al. (2005) resumiram a mineralização do S orgânico nas seguintes reações:

$$Aminoácidos + 2H_2O \xrightarrow[\text{Heterótrofos}]{O_2} S^{2-} + CO_2 + NH_4^+$$

$$S^{2-} \rightarrow S^0 + 1\tfrac{1}{2}O_2 + H_2O \leftrightarrow SO_4^{2-} + 2H^+$$

As frações de S ligado ao C e de ésteres de sulfato são as responsáveis por controlar a disponibilidade de enxofre para as plantas. Em experimento de incubação do solo com a adição de N-NO_3^-, S-SO_4^{2-} e C-glucose, Ghani et al. (1992) verificaram que a diminuição do S ligado ao C dos solos foi associada ao processo de mineralização desta fração, bem como a sua redistribuição à ésteres de sulfato. A aplicação contínua de estercos causou a predominância das formas de estado de oxidação intermediária e reduzidas de S orgânico em relação às mais oxidadas (ésteres de sulfato). As formas de oxidação intermediária e reduzidas de S orgânico foram melhor correlacionadas com a mineralização do S do que com as mais oxidadas, indicando que as formas ligadas ao C foram as principais fontes de S orgânico para a mineralização (ZHAO et al., 2006).

A mineralização do S deve obedecer a uma das seguintes tendências: 1) imobilização do S no início da incubação, seguida de mineralização; 2) diminuição da taxa de mineralização com o tempo; 3) mineralização estável e linear ao longo de todo o período de incubação; 4) liberação rápida de sulfato durante os primeiros dias, seguida de mineralização mais lenta e linear, ou 5) liberação inicial lenta, seguida de mineralização rápida e lenta (curva em formato de S) (TABATABAI; CHAE, 1991).

Em estudo de incubação de solos com resíduos orgânicos por 26 semanas, Tabatabai e Chae (1991) observaram que a quantidade de S mineralizada era dependente do tipo de resíduo, da relação C/N/S e do tipo de solo. Para os lodos de esgoto, a liberação de SO_4^{2-} foi rápida durante as seis semanas iniciais, seguida de tendência de decréscimo linear. Em um dos solos avaliados, a quantidade de S que foi mineralizada variou de 105 a 324 mg kg^{-1} (Figura 6a) e foi dependente da relação C/S do lodo de esgoto (entre 18 e 77), ou seja, quanto maior a relação C/S, menor a mineralização do S. Para os estercos de animais que apresentaram comportamentos semelhantes ao tratamento testemunha, houve aumento na liberação de SO_4^{2-} com o tempo de incubação (Figura 6b). A porcentagem de S orgânico mineralizada de esterco bovino, de frangos, de suínos e de equinos, no final da incubação, foi respectivamente de 28; 6; 4 e -3%, sendo que, valores positivos e negativos indicam ocorrência de mineralização e de imobilização do S. Com exceção da alfafa, os demais resíduos de plantas causaram imobilização do S (Figura 6c), com valores variando de -76 a -510% (TABATABAI; CHAE, 1991).

A exemplo do efeito da relação C/N na mineralização do N, a relação C/S parece ser um dos fatores de maior influência na mineralização do S. A mineralização do S ocorre com relação C/S inicial < 200 e a imobilização, com relação > 420. No entanto, nas relações intermediárias, tanto a mineralização quanto a imobilização do S podem ocorrer (BARROW, 1960). Confirmando os limites apresentados, a aplicação de composto de esterco bovino com relação C/S de 86 aumentou a disponibilidade do S no solo e a absorção de S pelas plantas. Por outro lado, a adição de compostos à base de serragem ou de casca de arroz, com relações C/S de 255 e 286, respectivamente, resultou em diminuição do S disponível do solo e limitação no desenvolvimento de plantas devido à imobilização microbiana (CHOWDHURY et al., 2000). A aplicação de esterco bovino e de resíduo de *Sesbania*, que apresentavam relação C/S de 150 e 135, respectivamente, promoveu aumento na disponibilidade de SO_4^{2-}. Por outro lado, a aplicação de palha de arroz (relação C/S de 328), promoveu imobilização do S pela biomassa microbiana (CHOWDHURY et al., 2002).

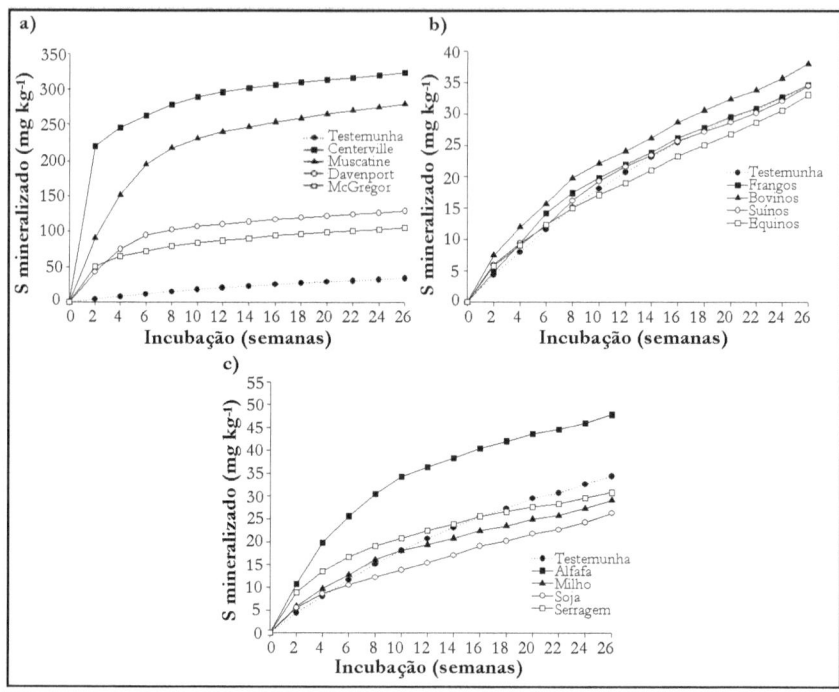

Figura 6. Quantidade de S mineralizada em solo que recebeu lodo de esgoto de quatro localidades (6a), estercos animais (6b) e resíduos de plantas (6c), em função do tempo de incubação.
Fonte: Adaptado de Tabatabai e Chae (1991).

A relação C/S crítica no solo, ou seja, a relação acima da qual a mineralização do C pode ser limitada pela deficiência de S, é de 1110, <720 e 490 para glicose, amido e celulose, respectivamente (CHAPMAN, 1997b). Entretanto, não apenas a relação, mas também a concentração de S no resíduo pode ser limitante. Em solo com baixo teor de S, a mineralização do C de palha de cevada foi influenciada pela concentração de S no resíduo. A quantidade de C mineralizada foi maior quando a concentração de S na palha era de 1,11 g kg⁻¹ ou 1,48 g kg⁻¹, em relação a 0,41 ou 0,68 g kg⁻¹. Com aplicação de 15 mg kg⁻¹ de S houve aumento na quantidade de C mineralizada somente nas concentrações menores de S na palha de cevada (CHAPMAN, 1997a).

Foi determinado que, à medida que os teores de S extraíveis do solo ($S\text{-}SO_4^{2-}$, principalmente, e S orgânico solúvel, em menor proporção) aumentam, a taxa de decomposição de glicose também aumenta, com a aplicação ou não de S, indicando que, com a adição de C, a população microbiana se desenvolve, mesmo em solo deficiente em S, desde que os outros nutrientes estejam em suficiência, e cresce na proporção em que a disponibilidade de S aumenta (CHAPMAN, 1997b).

Com a aplicação contínua de dejetos de bovinos e de fertilizantes NPK por 100 anos, Eriksen e Mortensen (1999) verificaram aumento do teor de C orgânico de dois solos, mas não observaram contribuição da mineralização do S orgânico nos teores de S disponíveis dos solos.

A deficiência de enxofre em plantas tem sido frequente devido à utilização de fertilizantes inorgânicos contendo baixa concentração ou ausência deste nutriente. Os resíduos orgânicos são fontes importantes de enxofre para as plantas, mas, como a maior parte desse nutriente encontra-se na forma de compostos orgânicos, é preciso que ocorra mineralização para que a disponibilidade aumente. Não há relatos de estudos de mineralização de enxofre em áreas de aplicação de resíduos no Brasil. A justificativa é que a avaliação das transformações do nitrogênio são mais importantes ou urgentes, mas o fato é que, de modo geral, nitrogênio e enxofre podem ser avaliados simultaneamente em áreas de aplicação de resíduos. É certo que a avaliação do enxofre requer métodos de quantificação mais sensíveis, mas este aspecto precisa ser revisto para que a tomada de decisões sobre a aplicação dos resíduos nos solos seja feita abrangendo com eficiência e segurança o maior número possível de fatores.

Fósforo

Em comparação ao N e ao S, a proporção de P orgânico em relação ao P total do solo é bem menor: 50% em média, com variação provável entre 15 e 80% (HAVLIN et al., 2005). As formas de P orgânico incluem fosfatos de inositol, fosfolipídeos, fosfoglicerídeos, açúcares fosfatados e ácidos nucleicos (PIERZYNSKI et al., 2005). Nos adubos orgânicos o P total (Pt) é constituído das formas orgânicas e inorgânicas e as proporções entre P orgânico (Po) e inorgânico (Pi) variam em função do tipo e, no caso de estercos, em função da alimentação animal (Tabela 3). Em esterco bovino e de frangos foram determinados 2,72 e 0,81 g kg^{-1} de Pi, respectivamente, 25 e 16% do P total (CASSOL et al., 2001), valores bastante diferentes dos apresentados na Tabela 3, e que indicam, provavelmente, diferenças na alimentação. O aproveitamento do P adicionado ao solo na forma de adubos orgânicos, principalmente no cultivo subsequente, depende das formas e da proporção em que elas ocorrem nos adubos.

A exemplo do que ocorre com N e S, relação C/P nos adubos orgânicos menor que 200 resulta em mineralização líquida e maior que 300, em imobilização líquida de Pi. Neste intervalo há equilíbrio entre mineralização e imobilização, de modo que não há ganho ou perda de Pi (HAVLIN et al., 2005).

Tabela 3. Fósforo total e solúvel em amostras de estercos, expressos em base seca

Esterco	P total	P inorgânico solúvel em água	P orgânico solúvel em água
		---------- g kg^{-1} ----------	
Gado de corte	4,02	1,14	0,17
Gado de leite	4,35	0,72	0,09
Galinha	23,60	6,75	0,60
Suíno	24,69	7,85	0,38

Fonte: Griffin et al. (2003).

A mineralização do P é um processo microbiológico mediado pela enzima fosfatase, de acordo com o esquema a seguir:

Fonte: Havlin et al. (2005).

Todos os fatores ambientais interferentes já descritos nos processos de transformação do N atuam nas transformações do P.

Com o uso de adubos orgânicos há aumento do fósforo total do solo. A aplicação de 3.070 t ha^{-1} de esterco bovino (base seca), fracionada em 30 aplicações anuais, adicionou 19,78 t ha^{-1} de P ao solo (quantidade acumulada) e resultou em aumento do P total do solo de 1.375 para 6.287 mg kg^{-1} na profundidade de 0-15 cm, e de 989 para 5.577 mg kg^{-1} na profundidade de 15-30 cm (HAO et al., 2008). Por se tratar de solo de clima temperado, houve mobilização vertical, o que não é esperado para solos de clima tropical. Avaliação feita em Argissolo Vermelho distrófico arênico, embora com apenas três aplicações de dejetos líquidos de suínos, não evidenciou aumento na concentração de P na solução percolada (BASSO et al., 2005).

O P do solo está distribuído em um conjunto de formas orgânicas (inositol fosfato, fosfolipídeos e ácidos nucleicos) e inorgânicas (fosfatos de Fe, Al e Ca de baixa solubilidade, adsorvido e em solução) (HAVLIN et al., 2005). Após a aplicação do adubo orgânico, à medida que as transformações ocorrem, o P se redistribui entre as formas e como resultado ocorre, de modo geral, aumento do P disponível para as plantas. Aplicação de até 70 t ha^{-1} de vermicomposto de esterco bovino em Latossolo Vermelho textura média resultou em aumento do P-resina (P-res) de 3 para mais de 100 mg dm^{-3} após 180 dias de incubação e, quando comparadas doses iguais de esterco bovino e vermicomposto de esterco bovino, o aumento no P disponível foi semelhante (YAGI et al., 2003). Aumento do P disponível no solo, avaliado por extração do P em amostras de solo, após aplicação de composto de lixo, lodo de esgoto, dejetos líquidos de suínos e outros resíduos, é obtido com frequência (SILVA et al., 2001; NASCIMENTO et al., 2004; QUEIROZ et al., 2004; MANTOVANI et al., 2005). Relatos baseados na medida indireta do aumento da disponibilidade de P, por avaliação da concentração ou da quantidade acumulada de P na planta, após aplicação de resíduos ao solo, também são frequentes (GHERI et al., 2003; GALDOS et al., 2004; CHIBA et al., 2008). Entretanto, apenas uma parte do P aplicado ao solo será aproveitada pelas plantas. O restante permanece no solo: parte é adsorvida aos coloides, parte é combinada com os componentes do solo, na forma insolúvel, e outra parte é imobilizada por microrganismos para ser posteriormente incorporada a fração estável da MOS. Vários atributos do solo afetam essas relações, sendo mais importantes a mineralogia, a textura, o pH, o ponto de carga zero, a matéria orgânica, o tipo de ácidos orgânicos e a atividade microbiana (SILVA et al., 1997).

Em solos de região tropical, quanto maior a acidez, maior a adsorção de fosfato aos oxidróxidos de Fe e de Al, principalmente devido ao desenvolvimento de cargas positivas nos oxidróxidos. Havendo aumento de pH pela aplicação de adubos orgânicos, o processo de adsorção é desfavorecido e a disponibilidade deve aumentar. Se o aumento do pH decorrente da aplicação de adubos orgânicos está relacionado à conversão de Al^{3+} a forma de complexos orgânicos, a diminuição do Al^{3+} da solução diminui a precipitação de fosfatos de alumínio e a disponibilidade para as plantas também é favorecida. Mecanismos de reação semelhantes podem ocorrer em relação ao ferro dissolvido. Assim, a aplicação de adubos orgânicos ao solo que resulte em aumento do pH e do teor de matéria orgânica diminui a precipitação e a adsorção de P (SILVA et al., 1997; SOUZA et al., 2006).

O aumento do teor de matéria orgânica possivelmente contribui para a diminuição da adsorção de P pela formação de complexos que bloqueiam os sítios de adsorção de P na superfície dos óxidos de ferro e alumínio. Os grupos funcionais (COOH) bloqueiam a superfície da goetita, diminuindo a adsorção de P (FONTES et al., 1992).

Os ácidos orgânicos e seus respectivos ânions conjugados, produzidos continuamente pela decomposição da matéria orgânica, exsudatos de raízes e metabólitos microbianos, também reagem fortemente com os sítios de adsorção de P na superfície do solo, tornando-os menos acessíveis ao P. Este efeito, no entanto, parece ser transitório (AFIF et al., 1995).

À medida que o teor de MOS aumenta, a capacidade máxima de adsorção de fosfato (CMAF) diminui (SILVA et al., 1997). Reforçando a afirmação, com adição de esterco bovino foi observado aumento do teor de MOS, diminuição dos valores de CMAF e aumento do P na solução do solo (SOUZA et al., 2006).

Com aplicação de adubos orgânicos a expectativa é que a reserva de Po do solo aumente, mas isso nem sempre acontece. Após 30 anos de aplicação de esterco bovino, a proporção de Po no Pt foi menor ou igual a 5% e aumento de Po com as doses aplicadas só foi observado em parcelas não irrigadas. Deste modo, apesar de ter sido usada uma fonte orgânica de P na adubação, o efeito principal da adubação com esterco foi no Pi. A interrupção da adubação com esterco por 16 anos, após 14 anos de aplicação, resultou em retorno do P disponível aos teores iniciais nas parcelas que receberam as menores doses de esterco, o que indica que todo o P presente no esterco tornou-se, provavelmente, disponível para as plantas (HAO et al., 2008). Há condições, no entanto, que tanto o Pi como o Po aumentam com a aplicação de estercos, mas o aumento proporcional no Pi é maior do que no Po (GALE et al., 2000; SHARPLEY et al., 2004).

Do mesmo modo como ocorre com enxofre, em áreas de aplicação de resíduos as transformações do fósforo são apenas eventualmente avaliadas, se comparado com o nitrogênio. Para isso contribui o fato de o Pi definir o comportamento do fósforo nos solos do Brasil. No entanto, em áreas de aplicação de resíduos, o conhecimento do Po e da sua participação no P disponível é de extrema importância, sobretudo porque utilizar a reciclagem da forma mais eficiente pode poupar as reservas de fósforo existentes.

Considerações finais

A aplicação de fertilizantes orgânicos apresenta efeitos importantes na fertilidade do solo, principalmente na matéria orgânica, na CTC, na acidez e na disponibilidade dos nutrientes nitrogênio, enxofre e fósforo, embora para todos os demais, em maior ou menor intensidade, eles também ocorram. Os efeitos são, contudo, dependentes das características dos resíduos utilizados como fertilizantes orgânicos, dos atributos químicos do solo, bem como do pré-tratamento a que o resíduo foi submetido antes da sua disposição no solo.

Embora seja possível fazer generalizações como a relação C/N adequada do material a ser utilizado como fertilizante, o seu uso racional nos sistemas agrícolas depende de estudos que determinem, para cada tipo de resíduo e local, as taxas de aplicação para que os efeitos benéficos sejam maximizados (aumento da matéria orgânica, da CTC, diminuição da acidez, aumento da disponibilidade de N, S e P), sem que haja efeitos negativos no próprio solo e eutrofização de corpos d'água.

Na região Amazônica, o uso de resíduos orgânicos é particularmente interessante, por serem uma fonte local de nutrientes que reduz a necessidade de importação de fertilizantes industriais de outras regiões. Há necessidade de pesquisa regional para estabelecer critérios técnicos que definam as condições de uso sem colocar em risco a qualidade do solo e das águas, estas, um dos principais recursos naturais da região.

Referências

ABREU JUNIOR, C. H.; BOARETTO, A. N.; MURAOKA, T.; KIEHL, J. de C. Uso agrícola de resíduos orgânicos potencialmente poluentes: propriedades químicas do solo e produção vegetal. In: TORRADO, P. V.; ALLEONI, L. R.; COOPER, M.; SILVA, A. P.; CARDOSO, E. J. Tópicos em Ciência do Solo. v. 4. Viçosa, MG: Sociedade Brasileira de Ciência do Solo, 2005. p. 391-470.

ABREU JUNIOR, C. H.; MURAOKA, T.; LAVORANTE, A. F.; ALVAREZ, V. F. C. Condutividade elétrica, reação do solo e acidez potencial em solos adubados com composto de lixo. Revista Brasileira de Ciência do Solo, v. 24, p. 635-647, 2000.

ADAMS, M. A.; ATTIWILL, P. M. Nutrient cycling and nitrogen mineralization in eucalypt forest of south-eastern Australia. II. Indices of nitrogen mineralization. Plant and Soil, v. 92, p. 341-362, 1986.

AFIF, E.; BARRÓN, V.; TORRENT, J. Organic matter delays but does not prevent phosphate sorption by Cerrado soils from Brazil. Soil Science, v. 159, p. 207-211, 1995.

AJWA, H. A.; TABATABAI, M. A. Decomposition of different organic materials in soils. Biology and Fertility of Soils, v. 18, p. 175-182, 1994.

ALVES, W. L.; MELO, W. J.; FERREIRA, M. E. Efeito do composto de lixo urbano em um solo arenoso e em plantas de sorgo. Revista Brasileira de Ciência do Solo, v. 23, p. 729-736, 1999.

AMANULLAH, M. M. 'N' release pattern in poultry manured soil. Journal of Applied Sciences Research, v. 3, p. 1094-1096, 2007.

ANDERSON, J. P. E. Soil respiration. In: PAGE, A. L.; MILLER, R. H.; KEENEY, D. R. (Ed.). Methods of soil analysis: chemical and microbiological properties. 2.ed. Madison: American Society of Agronomy; Soil Science Society of America, 1982. p. 831-845.

ANDRADE, C. A.; OLIVEIRA, C.; CERRI, C. C. Cinética de degradação da matéria orgânica de biossólidos após a aplicação no solo e relação com a composição química inicial. Bragantia, v. 65, p. 659-668, 2006.

BARROW, N. J. A comparison of the mineralization of nitrogen and of sulphur from decomposing organic materials. Australian Journal of Agricultural Research, v. 11, p. 960-969, 1960.

BASSO, J. C.; CERETTA, C. A.; DURIGON, R.; POLETTO, N.; GIROTTO, E. Dejeto líquido de suínos: II – perdas de nitrogênio e fósforo por percolação no solo sob plantio direto. Ciência Rural, v.35, p.1305-1312, 2005.

BERNAL, M. P.; SÁNCHEZ-MONEDERO, M. A.; PAREDES, C.; ROIG, A. Carbon mineralization from organic wastes at different composting stages during their incubation with soil. Agriculture, Ecosystems and Environment, v. 69, p. 175-189, 1998b.

BERNAL, M. P.; NAVARRO, A. F.; SÁNCHEZ-MONEDERO, M. A.; ROIG, A.; CEGARRA, J. Influence of sewage-sludge compost stability and maturity on carbon and nitrogen mineralization in soil. Soil Biology and Biochemistry, v. 30, p. 305-313, 1998a.

BOEIRA, R. C.; SOUZA, M. D. Estoques de carbono orgânico e de nitrogênio, pH e densidade de um Latossolo após três aplicações de lodos de esgoto. Revista Brasileira de Ciência do Solo, v. 31, p. 581-590, 2007.

BRASIL. Ministério da Agricultura, Pecuária e Abastecimento. Secretaria de Defesa Agropecuária. Instrução Normativa no 25, de 23 de julho de 2009. Normas sobre as especificações e as garantias, as tolerâncias, o registro, a embalagem e a rotulagem dos fertilizantes orgânicos simples, mistos, compostos, organominerais e biofertilizantes destinados à agricultura. Brasília: Diário Oficial da União, 28 jul. 2009. p. 20.

CALDERÓN, F. J.; McCARTY, G. W.; Van KESSEL, A. S.; REEVES III, J. B. Carbon and nitrogen dynamics during incubation of manured soil. Soil Science Society of America Journal, v. 68, p. 1592-1599, 2004.

CASSOL, P. C.; GIANELLO, C.; COSTA, V. E. U. Frações de fósforo em estrumes e sua eficiência como adubo fosfatado. Revista Brasileira de Ciência do Solo, v. 25, p. 635-644, 2001.

CASTELLANOS, J. Z.; PRATT, P.F. Mineralization of manure nitrogen – correlation with laboratory indexes. Soil Science Society of America Journal, v. 45, p. 354-357, 1981.

CETESB. Companhia de Tecnologia de Saneamento Ambiental. Aplicações de lodos de sistema de tratamento biológico em áreas agrícolas: critérios para projetos e operações. São Paulo: CETESB, 1999. 32 p. (Norma P4.320).

CETESB. Companhia de Tecnologia de Saneamento Ambiental. Vinhaça: critérios e procedimentos para aplicação no solo agrícola. São Paulo: CETESB, 2006. 12 p. (Norma P4.231).

CHANG, C.; JANZEN, H. H. Long-term fate nitrogen from annual feedlot manure applications. Journal of Environmental Quality, v.25, p.785-790, 1996.

CHANG, C.; SOMMERFELDT, T. G.; ENTZ, T. Rates of soil chemical changes with eleven annual applications of cattle feedlot manure. Canadian Journal of Soil Science, v. 70, p. 673-681, 1990.

CHAPMAN, S. J. Barley straw decomposition and S immobilization. Soil Biology & Biochemistry, v. 29, p. 109-114, 1997a.

CHAPMAN, S. J. Carbon substrate mineralization and sulphur limitation. Soil Biology & Biochemistry, v. 29, p. 115-122, 1997b.

CHIBA, M. K.; MATTIAZZO, M. A.; OLIVEIRA, F. C. Cultivo de cana-de-açúcar em argissolo tratado com lodo de esgoto. II - Fertilidade do solo e nutrição da planta. Revista Brasileira de Ciência do Solo, v. 32, p. 653-662, 2008.

CHOWDHURY, M. A. H.; BEGUM, R.; KABIR, M. R.; ZAKIR, H. M. Plant and animal residue decomposition and transformation of S and P in soil. Pakistan Journal of Biological Sciences, v. 5, p. 736-739, 2002.

CHOWDHURY, M. A. H.; KOUNO, K.; ANDO, T.; NAGAOKA, T. Microbial biomass, S mineralization and S uptake by African millet from soil amended with various composts. Soil Biology & Biochemistry, v. 32, p. 845-852, 2000.

CHRISTENSEN, B. T. Effects of animal manure and mineral fertilizer on the total carbon and nitrogen contents of soil size fractions. Biology and Fertility of Soils, v. 5, p. 304-307, 1988.

CHRISTENSEN, B. T.; JOHNSTON, A. E. Soil organic matter and soil quality: lessons learned from long-term experiments at Askov and Rothamsted. In: GREGORICH, E. G.; CARTER, M. R. (Ed.). Soil quality for crop production and ecosystem health. Developments in Soil Science. Amsterdam: Elsevier, 1997. p. 399-430.

DALENBERG, J. W.; JAGER, G. Priming effect of some organic additions to 14C-labelled soil. Soil Biology & Biochemistry, v. 21, p. 443-448, 1989.

DAVIDSON, E. A.; HART, S. C.; FIRESTONE, M. K. Internal cycling of nitrate in soils of a mature coniferous forest. Ecology, v. 73, p. 1148-1156, 1992.

DENDOOVEN, L.; BONHOMME, E.; MERCKX, R. Injection of pig slurry and its effects on dynamics of nitrogen and carbon in a loamy soil under laboratory conditions. Biology and Fertility of Soils, v. 27, p. 5-8, 1998.

DISTEFANO, J. F.; GHOLZ, H. L. A proposed use of ion exchange resins to measure nitrogen mineralization and nitrification in intact soil cores. Communications in Soil Science and Plant Analysis, v. 17, p. 989-998, 1986.

EGHBALL, B. Soil properties as influenced by phosphorus- and nitrogen-based manure and compost applications. Agronomy Journal, v. 94, p. 128-135, 2002.

ENO, C. F. Nitrate production in the field by incubating the soil in polyethylene bags. Soil Science Society of American Proceedings, v. 24, p. 277-279, 1960.

ERIKSEN, J.; MORTENSEN, J.V. Soil sulphur status following long-term annual application of animal manure and mineral fertilizers. Biology and Fertility of Soils, v.28, p.416-421, 1999.

FERREIRA, M. E.; CRUZ, M. C. P. Estudo do efeito de vermicomposto sobre absorção de nutrientes e produção de matéria seca pelo milho e propriedades do solo. Científica, v. 20, p. 217-227, 1992.

FONTES, M. R.; WEED, S. B.; BOWEN, L. H. Association of microcrystalline goethite and humic acid in some Oxisols from Brazil. Soil Science Society of America Journal, v. 56, p. 982-990, 1992.

FRENEY, J. R. Forms and reactions of organic sulfur compounds in soils. In: TABATABAI, M. A. (Ed.). Sulfur in Agriculture. Madison: American Society of Agronomy, Crop Science Society of America, Soil Science Society of America, 1986, p. 207-232.

GALDOS, M. V.; DE MARIA, I. C.; CAMARGO, O. A. Atributos químicos e produção de milho em um Latossolo Vermelho Eutroférrico tratado com lodo de esgoto. Revista Brasileira de Ciência do Solo, v. 28, p. 569-577, 2004.

GALE, P. M.; MULLEN, M. D.; CIESLIK, C.; TYLER, D. D.; DUCK, B. N.; KIRCHNER, M.; McLURE, J. Phosphorus distribution and availability in response to dairy manure applications.

Communications in Soil Science and Plant Analysis, v. 31, p. 553-565, 2000.

GALVÃO, S. R. S.; SALCEDO, I. H.; OLIVEIRA, F. F. Acumulação de nutrientes em solos arenosos adubados com esterco bovino. Pesquisa Agropecuária Brasileira, v. 43, p. 99-105, 2008.

GHANI, A.; MCLAREN, R. G.; SWIFT, R. S. Sulphur mineralization and transformations in soils as influenced by additions of carbon, nitrogen and sulphur. Soil Biology & Biochemistry, v. 24, p. 331-341, 1992.

GHERI, E. O.; FERREIRA, M. E.; CRUZ, M. C. P. Resposta de capim-tanzânia à aplicação de soro ácido de leite. Pesquisa Agropecuária Brasileira, v. 38, p. 753-760, 2003.

GRIFFIN, T. S.; HONEYCUTT, C. W.; HE, Z. Changes in soil phosphorus from manure application. Soil Science Society of America Journal, v. 67, p. 645-653, 2003.

GUIMARÃES, R. C. M.; CRUZ, M. C. P.; FERREIRA, M. E.; TANIGUCHI, C. A. K. Chemical properties of soils treated with biological sludge from gelatin industry. Revista Brasileira de Ciência do Solo, v. 36, p. 653-660, 2012.

HANSELMAN, T. A.; GRAETZ, D. A.; OBREZA, T. A. A comparison of in situ methods for measuring net nitrogen mineralization rates of organic soil amendments. Journal of Environmental Quality, v. 33, p. 1098-1105, 2004.

HAO, X.; CHANG, C.; TRAVIS, G. R.; ZHANG, F. Soil carbon and nitrogen response to 25 annual cattle manure applications. Journal of Plant Nutrition and Soil Science, v. 166, p. 239-245, 2003.

HAO, X.; GODLINSKI, F.; CHANG, C. Distribution of phosphorus forms in soil following long-term continuous and discontinuous cattle manure applications. Soil Science Society of America Journal, v. 72, p. 90-97, 2008.

HART, S. C.; STARK, J. M.; DAVIDSON, E. A.; FIRESTONE, M. K.; Nitrogen mineralization, immobilization and nitrification. In: WEAVER, R. W.; ANGLE, S.; BOTTOMLEY, P.; BEZDICEK, D.; AMITH, S.; TABATABAI, A.; WOLLUM, A. (Ed.). Methods of soil analysis. Part 2. Microbiological and biochemical properties. Madison: Soil Science Society of America, 1994. p. 985-1018.

HAVLIN, J. L.; BEATON, J. D.; TISDALE, S. L.; NELSON, W. L. Soil fertility and fertilizers. An introduction to nutrient management. 7. ed. New Jersey: Pearson Education, 2005. 515 p.

HAYNES, R. J.; NAIDU, R. Influence of lime, fertilizer and manure applications on soil organic matter content and soil physical conditions: a review. Nutrient Cycling in Agroecosystems, v. 51, p. 123-137, 1998.

HERNANDO, S.; LOBO, M. C.; POLO, A. Effect on the application of a municipal compost on the physical properties of a soil. The Science of the Total Environment, v. 81, p. 589-596, 1989.

KERTESZ, M. A.; MIRLEAU, P. The role of soil microbes in plant sulphur nutrition. Journal of Experimental Botany, v. 55, p. 1939-1945, 2004.

KIEHL, E. J. Fertilizantes orgânicos. São Paulo: Agronômica Ceres, 1985. 492 p.

KLAUSNER, S. D.; KANNEGANTI, V. R.; BOULDIN, D. R. An approach for estimating a decay series for organic nitrogen in animal manure. Agronomy Journal, v. 86, p. 897-903, 1994.

KUZYAKOV, Y.; FRIEDEL, J. K.; STAHR, K. Review of mechanisms and quantification of priming effects. Soil Biology & Biochemistry, v. 32, p. 1485-1498, 2000.

LEAL, J. R.; AMARAL SOBRINHO, N. M. B.; VELLOSO, A. C. X.; ROSSIELO, R. O. P. Potencial redox e pH: variações em um solo tratado com vinhaça. Revista Brasileira de Ciência do Solo, v. 7, p. 257-261, 1983.

MANTOVANI, J. R.; FERREIRA, M. E.; CRUZ, M. C. P.; BARBOSA, J. C. Alterações nos atributos de fertilidade em solo adubado com composto de lixo urbano. Revista Brasileira de Ciência do Solo, v. 29, p.817-824, 2005.

MANTOVANI, J. R.; FERREIRA, M. E.; CRUZ, M. C. P.; BARBOSA, J. C.; FREIRIA, A. C. Mineralização de carbono e de nitrogênio provenientes de composto de lixo urbano em Argissolo. Revista Brasileira de Ciência do Solo, v. 30, p. 677-684, 2006.

MAZUR, N., VELLOSO, A. C. X., SANTOS, G. A. Efeito do composto de resíduo urbano no pH e alumínio trocável em solo ácido. Revista Brasileira de Ciência do Solo, v. 7, p. 157-159, 1983.

McGILL, W. B.; COLE, C. V. Comparative aspects of cycling of organic C, N, S and P through soil organic matter. Geoderma, v. 26, p. 267-286, 1981.

NARAMABUYE, F. X.; HAYNES, R. J. The liming effects of five organic manures when incubated with and acid soil. Journal of Plant Nutrition and Soil Science, v. 170, p. 615-622, 2007.

NASCIMENTO, C. W. A.; BARROS, D. A. S.; MELO, E. E. C.; OLIVEIRA, A. B. Alterações químicas em solo e crescimento de milho e feijoeiro após aplicação de lodo de esgoto. Revista Brasileira de Ciência do Solo, v. 28, p. 385-392, 2004.

NEPTUNE, A. M. L.; TABATABAI, M. A.; HANWAY, J. J. Sulfur fractions and carbon-nitrogen-phosphorus-sulfur relationships in some Brazilian and Iowa soils. Soil Science Society of America Proceedings, v. 39, p. 51-55, 1975.

OLIVEIRA, F. C.; MATTIAZZO, M. E.; MARCIANO, C. R.; ABREU JUNIOR, C. H. Alterações em atributos químicos de um Latossolo pela aplicação de composto de lixo urbano. Pesquisa Agropecuária Brasileira, v. 37, p. 529-538, 2002.

PARNAUDEAU, V.; CONDOM, N.; OLIVER, R.; CAZEVIEILLE, P.; RECOUS, S. Vinasse organic matter quality and mineralization potential, as influenced by raw material, fermentation and concentration processes. Bioresource Technology, v. 99, p. 1553-1562, 2008.

PIERZYNSKI, G. M.; SIMS, J. T.; VANCE, G. F. Soils and environmental quality. 3.ed. Boca Raton: Taylor & Francis, 2005. 569 p.

PLAZA, C.; GARCÍA-GIL, J. C.; POLO, A. Dynamics and model fitting of nitrogen transformations in pig slurry atended soils. Communications in Soil Science and Plant Analysis, v. 36, p. 2137-2152, 2005.

QUAGGIO, J. A. Acidez e calagem em solos tropicais. Campinas: Instituto Agronômico, 2000. 111 p.

QUEIROZ, F. M.; MATOS, A. T.; PEREIRA, O. G.; OLIVEIRA, R. A. Características químicas de solo submetido ao tratamento com esterco líquido de suínos e cultivado com gramíneas forrageiras. Ciência Rural, v. 34, p. 1487-1492, 2004.

REIS, T. C.; RODELLA, A. A. Cinética da degradação da matéria orgânica e variação do pH do solo sob diferentes temperaturas. Revista Brasileira de Ciência do Solo, v. 26, p. 619-626, 2002.

SAHRAWAT, K. L Factors affecting nitrification in soils. Communications in Soil Science and Plant Analysis, v. 39, p. 1436-1446, 2008.

SCHJØNNING, P.; CHRISTENSEN, B. T.; CARSTENSEN, B. Physical and chemical properties of a sandy loam receiving animal manure, mineral fertilizer or no fertilizer for 90 years. European Journal of Soil Science, v. 45, p. 257-268, 1994.

SCHNITZER, M. Soil organic matter – the next 75 years. Soil Science, v. 151, p. 41-58, 1991.

SHARPLEY, A. N.; McDOWELL, R. W.; KLEINMAN, P. J. A. Amounts, forms, and solubility of phosphorus in soils receiving manure. Soil Science Society of America, v. 68, p. 2048-2057, 2004.

SILVA, F. C.; BOARETTO, A. E.; BERTON, R. S.; ZOTELLI, H. B.; PEXE, E. M. Efeito do lodo de esgoto na fertilidade de um Argissolo Vermelho-Amarelo com cana-de-açúcar. Pesquisa Agropecuária Brasileira, v. 36, p. 831-840, 2001.

SILVA, M. L. N.; CURI, N.; BLANCANEAUX, P.; LIMA, J. M.; CARVALHO, A. M. Rotação adubo verde-milho e adsorção de fósforo em Latossolo Vermelho-escuro. Pesquisa Agropecuária Brasileira, v. 32, p. 649-654, 1997.

SIMS, J. T. Organic wastes as alternative nitrogen sources. In: BACON, P. E. (Ed.). Nitrogen fertilization in the environment. New York: Marcel Dekker, 1995. p. 487-535.

SOUZA, R. F.; FAQUIN, V.; ROGÉRIO, P.; TORRES, F.; BALIZA, D. P. Calagem e adubação orgânica: influência na adsorção de fósforo. Revista Brasileira de Ciência do Solo, v. 30, p. 975-983, 2006.

STANFORD, G.; SMITH, S. J. Nitrogen mineralization potential of soils. Soil Science Society of America Journal, v. 36, p. 465-472, 1972.

STEVENSON, F. J. Cycles of soil. Carbon, nitrogen, phosphorus, sulfur, micronutrients. New York: John Wiley & Sons, 1986. 379 p.

STRONG, D. T.; SALE, P. W. G.; HELYAR, K. R. Initial soil pH affects the pH at with nitrification ceases due to self-induced acidification of microbial microsites. Australian Journal of Soil Research, v. 35, p. 565-570, 1997.

TABATABAI, M. A.; CHAE, Y. M. Mineralization of sulfur in soils amended with organic wastes. Journal of Environmental Quality, v. 20, p. 684-690, 1991.

TANIGUCHI, C. A. K. Mineralização do lodo biológico de indústria de gelatina, atributos químicos do solo e uso fertilizante para a produção do milho. Tese de Doutorado, Universidade Estadual Paulista, Faculdade de Ciências Agrárias e Veterinárias, Jaboticabal, 2010, 97 p.

TEDESCO, M. J.; SELBACH, P. A.; GIANELLO, C.; CAMARGO, F. A. O. Resíduos orgânicos no solo e os impactos no ambiente. In: SANTOS, G. A.; SILVA, L. S.; CANELLAS, L. P.; CAMARGO, F. A. O. (Ed.). Fundamentos da matéria orgânica do solo. Ecossistemas tropicais & subtropicais. 2. ed. Porto Alegre: Metrópole, 2008. p. 113-135.

VIEIRA, F. C. B.; HE, Z. L.; BAYER, C.; STOFELLA, P. J.; BALIGAR, V. C. Organic amendment effects on the transformation and fractionation of aluminum in acidic sandy soil. Communications in Soil Science and Plant Analysis, v. 39, p. 2678-2694, 2008.

WHALEN, J. K.; CHANG, C.; CLAYTON, W.; CAREFOOT, J. P. Cattle manure amendments can increase the pH of acid soils. Soil Science Society of America Journal, v. 64, p. 962-966, 2000.

WIENHOLD, B. J. Comparison of laboratory methods and an in situ method for estimating nitrogen mineralization in an irrigated silt-loam soil. Communications in Soil Science and Plant Analysis, v. 38, p. 1721-1732, 2007.

YAGI, R.; FERREIRA, M. E.; CRUZ, M. C. P.; BARBOSA, J. C. Organic matter fractions and soil fertility under the influence of liming, vermicompost and cattle manure. Scientia Agricola, v. 60, p. 549-557, 2003.

ZECH, W.; SENESI, N.; GUGGENBERGER, G.; KAISER, K.; LEHMANN, J.; MIANO, T. M.; MILTNER, A.; SCHROTH, G. Factors controlling humification and mineralization of soil organic matter in the tropics. Geoderma, v. 79, p. 117-161, 1997.

ZHAO, F. J.; LEHMANN, J.; SOLOMON, D.; FOX.; MC GRATH, S. P. Sulphur speciation and turnover in soils: evidence from sulfur K-edge XANES spectroscopy and isotope dilution studies. Soil Biology & Biochemistry, v. 38, p. 1000-1007, 2006.

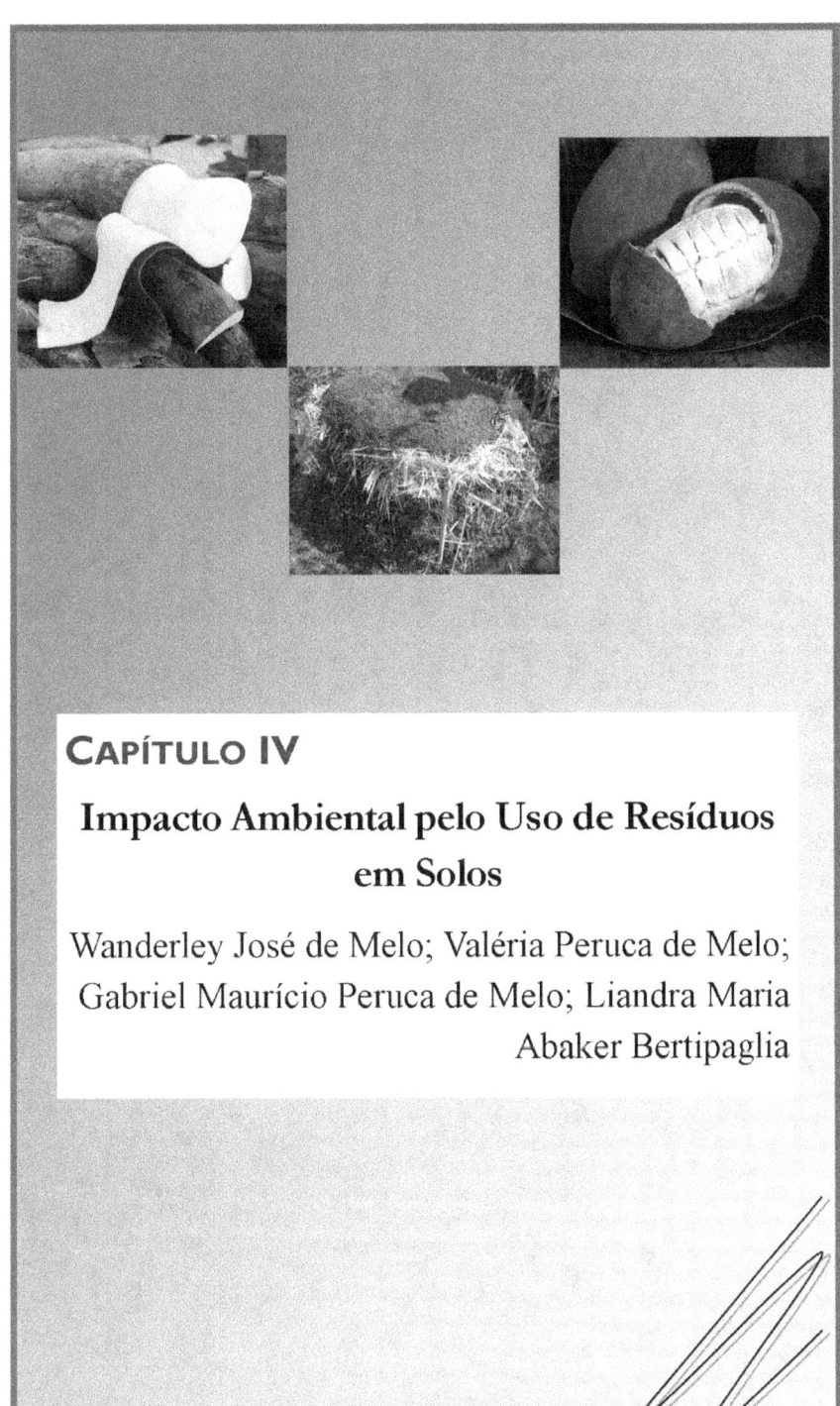

Capítulo IV

Impacto Ambiental pelo Uso de Resíduos em Solos

Wanderley José de Melo; Valéria Peruca de Melo; Gabriel Maurício Peruca de Melo; Liandra Maria Abaker Bertipaglia

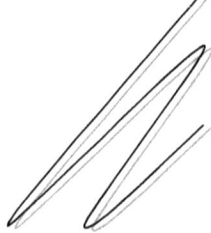

A evolução do homem tem trazido como consequência o aumento de sua população no planeta terra, aumento este que tem ocorrido de forma desordenada com a formação de grandes centros urbanos em algumas regiões e um vazio demográfico em outras.

Para satisfazer as necessidades crescentes de produção de alimentos e de bens de consumo para garantir uma qualidade de vida desejável, em algumas regiões tem havido grande desenvolvimento industrial.

O crescimento populacional e o desenvolvimento econômico e industrial trazem no seu bojo a geração de resíduos com diferentes graus de periculosidade para o ambiente e para a saúde dos seres vivos. Tais resíduos devem ser adequadamente tratados e dispostos, de modo a garantir a sustentabilidade da vida no Planeta.

Dentre os contaminantes presentes nos resíduos e que oferecem perigo ao ambiente estão microrganismos patogênicos (bactérias, vírus), ovos de helmintos, substâncias orgânicas não biodegradáveis ou degradáveis em longo período de tempo (organoclorados, dioxinas) e elementos traços, também chamados de metais pesados (mercúrio, arsênio, selênio, dentre outros).

Neste capítulo são discutidos os possíveis impactos no sistema solo-água pela aplicação de resíduos contaminados com metais pesados, dando ênfase para aqueles que são considerados na legislação brasileira que rege a aplicação de resíduos em áreas agrícolas.

Os termos elementos traços e metais pesados

O termo metal pesado tem sido usado para definir metais catiônicos e oxiânions que normalmente estão presentes no solo em concentrações menores que 1 mg kg^{-1}, não obstante o termo também seja aplicado para Fe, Al e Ti, que ocorrem em quantidades elevadas na litosfera, principalmente em regiões tropicais.

Segundo Malavolta (1994), metais pesados são elementos químicos que apresentam densidade superior a 5 g cm^{-3} e número atômico superior a 20.

Na realidade, este conceito engloba não apenas metais, mas também semimetais (caso do arsênio) e ametais (caso do boro e do selênio). Em assim sendo, a denominação elementos traços (elementos que aparecem em baixas concentrações) parece ser mais adequada.

A Tabela 1 contém exemplos de metais pesados. Como se pode observar, a maioria deles obedece aos dois princípios da densidade e do número atômico. Nos casos de B, Sb, Se e Ti, por exemplo, eles não satisfazem o princípio da densidade, mas satisfazem o do número atômico.

Tabela 1. Exemplos de elementos considerados metais pesados

Elemento	Símbolo	Número Atômico	Densidade (g cm^{-3})
Arsênio	As	33	5,72
Bário	Ba	56	3,50
Boro	B	35	2,95
Cádmio	Cd	48	8,64
Chumbo	Pb	82	11,35
Cobalto	Co	27	8,90
Crômio	Cr	24	7,18
Cobre	Cu	29	8,96
Ferro	Fe	26	7,84
Mercúrio	Hg	80	13,60
Manganês	Mn	25	7,20
Molibdênio	Mo	42	10,20
Níquel	Ni	28	8,91
Antimônio	Sb	51	4,64
Selênio	Se	34	4,81
Estanho	Sn	50	7,30
Titânio	Ti	81	4,50
Vanádio	Vd	23	6,10
Zinco	Zn	30	7,13

Alguns dos metais pesados são nutrientes das plantas, como é o caso do Cu, Fe, Mn, Zn, B e Mo. O Co não é considerado nutriente das plantas, mas o é para os animais ruminantes. Alguns metais pesados, apesar de não serem considerados nutrientes das plantas, sua presença favorece o desenvolvimento dessas, como é o caso do Ni, Co e V. O Ni (participa na constituição da urease) e o Co (participa da constituição da colamina e de enzimas como desidratases, mutases, fosforilases e transferases) já poderiam ser considerados como nutrientes das plantas, como postulado por alguns autores (MALAVOLTA e MORAES, 2007).

Recentemente, a expressão elemento traço vem sendo preferida em relação ao termo metal pesado, que nunca foi definido por um órgão oficial como a União Internacional de Química Pura e Aplicada (em inglês International Union of Pure and Applied Chemistry - IUPAC) e é esta denominação que será adotada de agora em diante neste texto.

Os elementos traços são causas de impacto ambiental

Os elementos traços têm grande afinidade para com as moléculas protéicas, formando com elas complexos que podem causar sua desnaturação, com perda de suas propriedades funcionais. Um grande problema dos elementos traços é o fato de formarem complexos estáveis com as proteínas, o que dificulta sua eliminação pelo organismo, resultando em efeito cumulativo.

As proteínas são biomoléculas com diferentes graus de complexidade, podendo apresentar níveis de estrutura primário, secundário, terciário e algumas poderão apresentar o nível quaternário. Elas desempenham, em nível celular, papel fundamental para a manutenção do estado vital, exercendo diferentes funções, tais como estrutural (como as queratinas, que participam na composição de cabelo, pelos, unhas, cascos), de defesa (os anticorpos), de transporte (caso da hemoglobina, que transporta o oxigênio e o gás carbônico nos mamíferos), catalítica (desempenhada pelas diferentes enzimas, que atuam nos ciclos metabólicos), de locomoção (a actina e a miosina, responsáveis pela contração muscular), de reserva nutritiva (em sementes, ovos), função hormonal (somatotrofina, o hormônio de crescimento, insulina, hormônio paratireoideano), transporte de impulsos nervosos (rodopsina, proteína fotorreceptora no globo ocular).

Portanto, ao provocarem a desnaturação das moléculas proteicas, os elementos traços colocam em risco a vida dos seres vivos. É o caso do chumbo, que causa doença chamada saturnismo, provocada pela ruptura no transporte de impulsos nervosos, desenvolvendo paralisias, que levam à morte. Uma vez presentes no solo, em formas disponíveis para as plantas, os elementos traços podem ser absorvidos, translocados e armazenados em tecidos de plantas e animais que posteriormente constituem alimentos dos homens e dos animais.

Alimentos contaminados representam a forma de entrada dos elementos traços na cadeia alimentar, colocando em risco a saúde do homem. A percolação pelo perfil do solo, de modo a atingir as águas subterrâneas, ou a erosão superficial, que os leva para as águas superficiais, é outra forma de os elementos traços entrarem na cadeia alimentar.

Por este motivo, os órgãos ambientais têm grande preocupação em regulamentar o uso de resíduos na agricultura, controlando assim a entrada de elementos traços ao solo.

Elementos traços controlados pelos órgãos ambientais

Os órgãos ambientais da grande maioria dos países têm elaborado legislações, visando o controle da adição de elementos traços no solo através do uso de resíduos e de insumos agrícolas.

No Brasil, até o ano de 2005, apenas dois estados tinham legislação regulamentando a adição de elementos traços no solo através do uso de resíduos na agricultura, que eram o Estado do Paraná, através de seu órgão ambiental, o Instituto Ambiental do Paraná (IAP), e o Estado de São Paulo, através da Companhia de Tecnologia de Saneamento Ambiental (CETESB). Ambas legislações foram adaptações de leis geradas em outros países, a da Espanha, no caso do IAP, e a americana, no caso da CETESB.

Em 2006, foi implantada no país uma legislação de âmbito nacional pelo Ministério do Meio Ambiente. A legislação brasileira (CONAMA, 2006), que regula a aplicação de resíduos na agricultura, inclui o controle de 11 elementos traços, a saber: As, Ba, Cd, Pb, Cu, Cr, Hg, Mo, Ni, Se e Zn. A resolução define as concentrações máximas permitidas no lodo de esgoto para uso na agricultura e as doses máximas acumuladas com adições sucessivos do resíduo (Tabela 2).

Tabela 2. Elementos traços permitidos no lodo de esgoto para aplicação em área agrícola e dose teórica máxima permitida pelo adição do resíduo

Elemento	Máximo no lodo mg kg^{-1} base seca	Máximo acumulado kg ha^{-1}
Arsênio	41,0	30,0
Bário	1.300,0	265,0
Cádmio	39,0	4,0
Chumbo	300,0	41,0
Cobre	1.500,0	137,0
Cromo	1.100,0	154,0
Mercúrio	17,0	1,2
Molibdênio	50,0	13,0
Níquel	420,0	74,0
Selênio	100,0	13,0
Zinco	2.800,0	44,0

Fonte: Conama (2006).

Elementos traços na água e em alimentos

Uma vez presente no solo, no ar ou na água, seja por ocorrência natural ou por ação antrópica, o elemento traço pode entrar na cadeia alimentar e, ao atingir determinadas concentrações, pode causar toxicidade. No caso de plantas e animais domésticos, haverá diminuição na produtividade e até mesmo a morte. No caso dos humanos, ocorrerão distúrbios metabólicos, que poderão culminar com a morte.

Desta forma, os órgãos responsáveis pela saúde nos diferentes países e também organismos internacionais têm se preocupado em definir as concentrações de elementos traços que podem ocorrer na água e em alimentos diversos, diminuindo o risco de toxicidade pela ingestão dos mesmos.

Sabe-se, por exemplo, que as fontes naturais de Pb contribuem muito pouco para sua concentração no ar, alimento, água e poeira. Para adultos, a maior parte do Pb provém de alimentos, da água e da exposição ocupacional, enquanto que, para crianças, a poeira e o solo também contribuem de forma significativa. Para crianças com 2 anos de idade e pesando cerca de 10 kg, é recomendado uma ingestão semanal máxima de Pb da ordem de 25 μg kg^{-1} de peso corporal, o que equivale a uma ingestão diária de 36 μg (JECFA, 1993).

Na Tabela 3 são apresentados os conteúdos médios de Cd, Pb e Zn em alimentos produzidos em solos não contaminados nos Estados Unidos. Observa-se que o espinafre é uma hortaliça com grande potencial para acúmulo de Cd, Pb e Zn.

Tabela 3. Conteúdos médios de Cd, Pb e Zn em alimentos produzidos em solos não contaminados nos Estados Unidos

Alimento	Cd	Pb	Zn
	---------------- mg kg^{-1} ----------------		
Alface	0,44	0,19	46
Espinafre	0,80	0,53	43
Batata	0,14	0,03	15
Trigo	0,04	0,02	29
Arroz	0,01	0,01	15
Milho	0,01	0,01	22
Cenoura	0,16	0,05	20
Cebola	0,09	0,04	16
Tomate	0,22	0,03	22
Amendoim	0,07	0,01	31
Soja	0,04	0,04	45

Fonte: Dudka e Miller (1995).

Devido ao perigo que os elementos traços representam para a saúde do homem, são estabelecidos limites para sua concentração em alimentos (Tabela 4).

Tabela 4. Conteúdo de elementos traços permitido em alimentos para consumo humano

Alimento	Pb	Cd	Ni	Cr	Cu
	\- mg kg^{-1} \-				
Sucos Naturais	--	0,5	3,0	--	30,0
Outros alimentos	0,8	1,0	5,0	0,1	30,0

Fonte: ABIA (1995).

Elementos traços em águas superficiais e sedimentos

A concentração de elementos traços em águas superficiais depende de uma série de fatores, quais sejam:

a. composição química das rochas e dos solos onde se encontra a bacia hidrográfica (elementos traços liberados através do intemperismo);

b. poluição antrópica (uso de agroquímicos e deposição atmosférica de poluentes lançados no ar);

c. reações químicas (adsorção em partículas e outras superfícies e formação de precipitados).

Os processos naturais que contribuem para o aparecimento de elementos traços em águas superficiais e subterrâneas são o intemperismo das rochas e a lixiviação no perfil do solo, enquanto que a contribuição antropogênica está relacionada principalmente com as atividades de mineração (carvão e jazidas minerais), indústrias e geração de efluentes municipais. As fontes antropogênicas contribuem com 11% (caso do Mn) a 96% (caso do Pb) das emissões, sendo responsáveis pela adição de 1,16 milhões de toneladas de Pb por ano nos ecossistemas terrestres e aquáticos.

Os efluentes domésticos (especialmente para As, Cr, Cu, Mn e Ni), a queima de carvão para geração de energia (principalmente para As, Hg e Se), a fundição de metais não ferrosos (Cd, Ni, Pb e Se), a fabricação de ferro e aço (Cr, Mo, Sb e Zn), o descarte do lodo de esgoto (As, Mn e Pb) e a deposição atmosférica (Pb e V) são as principais fontes para os sistemas aquáticos.

Alguns insumos agrícolas e subprodutos usados como fertilizantes e corretivos (fertilizantes, calcários, escórias, estercos, lodo de esgoto) podem contribuir para o aumento da concentração de elementos traços no solo e na água, mas sua participação é bem menor e, por isso, o efeito poderá demorar décadas para se manifestar.

No Brasil, o Fundo Nacional de Saúde, através da Portaria FUNASA 1499/01, estabeleceu o máximo permitido de elementos traços em águas potáveis (Tabela 5).

Tabela 5. Níveis máximos de elementos traços permitidos em água doce Classe I

Elemento	Nível Máximo ($\mu g\ L^{-1}$)
Al	100,0
As total	10,0
Ba total	700,0
Cd total	1,0
Cr total	50,0
Cu dissolvido	9,0
Fluoreo toal	1400,0
Fe dissolvido	300,0
Hg total	0,2
Mn total	100,0
Pb total	10,0
Sb	5,0
Zn total	180,0

Fonte: Conama (2005)

Elementos traços no solo

Origem, conteúdo, formas e disponibilidade para as plantas

O solo é um componente muito específico da litosfera, agindo não apenas como um depósito de água, elementos químicos e substâncias diversas, mas também como um tampão natural, controlando o transporte de elementos químicos e substâncias à atmosfera, hidrosfera e biosfera. O papel mais importante do solo está na capacidade de suportar o crescimento das plantas e a produção de alimentos, que são essenciais para a sobrevivência dos seres humanos. Portanto, a manutenção das funções ecológica e agrícola do solo é responsabilidade da humanidade (KABATA-PENDIAS; PENDIAS, 1992).

Um dos fatores que podem limitar o uso do solo para fins produtivos é a presença de elementos traços, que podem ser fitotóxicos e, através das plantas ou da ingestão direta de solo (principalmente por crianças), entrar na cadeia trófica, vindo a ser tóxicos para os animais e o homem. A vida útil dos elementos traços no solo varia muito, sendo de 70-510 anos para o Zn, 13-1100 anos para o Cd, 300-1500 anos para o Cu e 740-5900 anos para o Pb. A completa remoção dos contaminantes metálicos dos solos é quase impossível.

Os elementos traços ocorrem naturalmente no solo pelo fato de os mesmos estarem presentes na rocha de origem. Na Tabela 6 encontram-se apresentadas as concentrações de alguns elementos traços em diversos tipos de rochas, enquanto nas Tabelas 7 e 8 são apresentados os teores obtidos em amostras de solo pela metodologia USEPA (1986).

Tabela 6. Concentração de elementos traços em rochas

Elemento	Ígneas			Sedimentares	
	Ultrabásica	Básica	Granito	Arenito	Calcário
	------------------------------ mg kg^{-1} ------------------------------				
Cobre	10-40	90-100	10-15	35	5,5-15
Zinco	50-60	100	40-52	23	20-25
Cádmio	0,12	0,1-0,2	0,09-0,20	0,05	0,03-0,1
Crômio	2500	200	4	35	10-11
Níquel	2000	150	0,5	2 9	7-12
Chumbo	0,1-15	3-5	20-24	9	5-7
Mercúrio	0,004	0,01-0,08	0,08	0,15	0,05-0,1

Fonte: Malavolta (1994).

Desta forma, conhecendo o material de origem de um determinado solo, é possível uma expectativa da concentração natural dos elementos traços nele presentes.

Tabela 7. Elementos traços, determinados pelo método proposto pela USEPA (1986), em solos do Estado de São Paulo (profundidade 0,10 m) sob vegetação nativa ou pastagens que nunca receberam agroquímicos

Local	Solo	Cu	Cd	Cr	Pb	Ni
		mg kg⁻¹				
Jaboticabal	LVd	23,8	1,6	117,4	7,8	29,1
Taiaçu	AVAd	11,1	nd	98,8	6,2	15,7
Eng Coelho	LVd	68,9	1,7	57,6	8,6	33,9
Conchal	LVd	13,5	1,0	57,9	8,4	15,4
Limeira	AAd	4,2	nd	8,1	6,2	2,1
Riolândia	LVd	nd	nd	118,2	nd	14,4
Paulo de Faria	LVd	9,7	1,3	229,0	nd	19,9
Riolândia	LVd	5,6	0,6	75,0	3,9	8,3
Artur Nogueira	LVd	2,5	nd	11,6	4,3	nd
Mogi-Guaçu	LVAd	3,5	nd	13,6	nd	2,0
Aguaí	LVd	2,6	0,5	13,2	3,3	3,0
Artur Nogueira	AAd	3,8	nd	10,5	5,8	2,2
Itápolis	LVAd	2,9	nd	36,6	3,0	3,3
Itápolis	LVd	2,4	0,5	47,6	5,4	3,8
Tapinas	AVAe	3,6	0,5	36,5	3,3	5,3
Tapinas	AVAe	3,6	0,4	36,5	3,4	5,4
Avaí	LVe	1,7	nd	23,7	nd	nd
Cafelândia	LVe	5,3	nd	16,7	3,1	3,1
Cafelândia	LVe	5,4	nd	16,7	3,1	3,0
Bebedouro	AAe	10,0	nd	32,3	nd	3,1
Bebedouro	LVd	3,4	nd	49,8	3,9	4,8
Ibitinga	AAd	1,7	nd	20,8	nd	1,7
Ibitinga	LVe	2,4	nd	29,1	nd	2,9
Vista Alegre do alto	AVAe	4,1	nd	47,8	3,4	4,3
Brotas	NQo	1,8	nd	8,6	nd	1,2
Brotas	NQo	1,8	nd	8,6	nd	1,2
Getulina	LVd	2,0	nd	7,4	3,3	2,9
Getulina	LVd	2,2	nd	7,2	3,7	2,7

Fonte: Marchiori Júnior (2002)

Tabela 8. Elementos traços totais, determinados pela metodologia USEPA (1986) em Latossolos brasileiros

Elemento	Concentração (mg kg^{-1})
Cádmio	07,0±0,3
Cobre	65,0±7,4
Níquel	18,0±1,2
Chumbo	22,0±9,0
Zinco	39,0±2,4

Fonte: Campos et al. (2003).

Marchiori Júnior (2002) avaliou o conteúdo de elementos traços em 28 solos localizados no Estado de São Paulo (Tabela 7). Pela análise dos resultados, pode-se verificar a grande variação no conteúdo de elementos traços em solos sob vegetação nativa ou sob pastagem que nunca receberam fertilização mineral. Os teores de Cu variaram de 1,7 mg kg^{-1} (Latossolo Vermelho eutrófico e Argissolo Amarelo distrófico) a 68,9 mg kg^{-1} (Latossolo Vermelho distrófico). Os teores de Cr variaram de 7,2 mg kg^{-1} (Latossolo Vermelho distrófico) a 229,0 mg kg^{-1} (Latossolo Vermelho distrófico). As concentrações de Ni variaram de 1,2 mg kg^{-1} (Neossolo Quartzarênico óxico) a 33,9 mg kg^{-1} (Latossolo Vermelho distrófico). As variações nos conteúdos em Cd e Pb foram menores.

Ao avaliarem as concentrações de elementos traços em 19 Latossolos brasileiros, Campos et al. (2003) também observaram variação nas concentrações de Cd, Cu, Ni, Pb e Zn, variação esta mais intensa para o Pb, provavelmente um efeito da queima de combustíveis fósseis, que levavam o metal na sua constituição (Tabela 8).

A maioria dos elementos traços ocorre naturalmente nos solos em baixas concentrações e em formas não prontamente disponíveis para as plantas e os organismos vivos (RESENDE et al., 1997). A concentração de elementos traços na solução da maioria dos solos é muito baixa, da ordem de 1 a 1000 µg L^{-1} e, em alguns casos, abaixo de 1 µg L^{-1}. Nestas condições, o elemento tende a ser retido no solo por adsorção, principalmente na forma não trocável (McBRIDE, 1989).

A concentração de elementos traços no solo pode ser afetada por fenômenos naturais como erupções vulcânicas, redistribuição por ação eólica ou hídrica, e por ações antrópicas, como mineração, metalurgia, disposição de resíduos, queima de resíduos, uso de fertilizantes, corretivos e outros insumos agrícolas.

Além da concentração do elemento traço no solo, é muito importante o conhecimento de seu comportamento naquele ambiente, do que resultará a fitodisponibilidade e a possibilidade de sua percolação pelo perfil do solo, atingindo o lençol freático. Este comportamento depende do metal e de um conjunto de propriedades do solo como conteúdo de matéria orgânica, teor dos óxidos de ferro, alumínio e manganês, tipo e concentração do mineral de argila, da capacidade de troca de cátions (CTC), do pH, da relação macro/microporos e do teor de umidade (definindo o potencial eletronegativo).

Os elementos traços tendem a se complexar com a matéria orgânica, o que pode diminuir ou aumentar a mobilidade do elemento no perfil do solo, dependendo do tipo de complexo ou quelado formado. Por isso, a distribuição de alguns dos elementos traços no perfil do solo tende a seguir o modelo de distribuição da matéria orgânica, como ocorre com o cobre e o cobalto. A formação de complexos de baixo peso molecular com a fração solúvel da matéria orgânica pode ser uma forma de movimentação em profundidade, que é o que ocorre com os complexos do cobre com a fração ácidos fúlvicos.

Outro fator que afeta a solubilidade, a disponibilidade e a toxicidade de alguns dos elementos traços é o estado de oxidação, determinado pela relação água/ar e também pela presença de agentes oxidantes e redutores. A matéria orgânica pode reduzir o Cr^{6+}, que possui potencial carcinogênico, a Cr^{3+}, menos tóxico, enquanto os óxidos de Mn podem oxidar o Cr^{3+} a Cr^{6+}. Felizmente, nas condições normais do solo, o Cr^{6+} é facilmente convertido em Cr^{3+}, tornando o elemento pouco disponível para as plantas (MALAVOLTA, 1994).

Em solos com elevada CTC, há diminuição na mobilidade vertical dos elementos traços metálicos no perfil do solo, uma vez que os mesmos são adsorvidos nos pontos de troca catiônica. Os sesquióxidos de Fe, Al e Mn também têm a capacidade de adsorver elementos traços, diminuindo sua mobilidade no perfil do solo.

O pH é um dos atributo do solo que mais afeta a disponibilidade dos elementos traços para as plantas. Eles são afetados diferentemente pelo pH, sendo que alguns têm a disponibilidade aumentada pelo aumento do pH (arsênio, molibdênio), enquanto outros têm a disponibilidade diminuída pela elevação do pH (cádmio, chumbo, cobre, zinco, dentre outros).

O Mn ocorre no solo sob três valências diferentes: Mn^{+2}, Mn^{+3} e Mn^{+4}, que se encontram em equilíbrio dinâmico, sendo que os estados de oxidação +3 e +4 são favorecidos pela elevação do pH e por condições oxidantes. A passagem do nível de oxidação +3 para +2 ocorre em meio ácido e condições redutoras. Em alguns casos, pode ocorrer relação direta entre o pH e o Mn extraível pelo extrator Mehlich 1 devido a uma relação inversa entre pH e matéria orgânica (quando o pH diminui, o teor de MO aumenta, aumentando a complexação do Mn e diminuindo sua extração pelo extrator Mehlich 1) (MALAVOLTA, 1994).

Para o Pb, a elevação do pH promove a formação de precipitados na forma de hidróxidos, fosfatos e carbonatos de Pb e de complexos insolúveis com a matéria orgânica.

O teor de Cd na solução do solo é governado pela matéria orgânica, pelo pH e pelo teor de Cd. Quando o teor de Cd é baixo, ocorre a formação de complexo organomineral; quando o teor de Cd é muito alto, ocorre a formação de precipitado de carbonato e fosfato de Cd, o que é facilitado em pH mais elevado. Em solo ácido, a formação de complexos com a matéria orgânica e as reações com sesquióxidos são os fatores que mais afetam a solubilidade do Cd.

Em solo contaminado com mistura sulfocrômica, Matos e Nóbrega (2008) observaram que o Cr^{+6} se transformou quase totalmente em Cr^{+3}, de modo que a concentração de Cr^{+6} ficou abaixo do limite de detecção da metodologia analítica utilizada, fato que atribuíram à presença de matéria orgânica e ao abaixamento do pH pelo ácido sulfúrico.

O nível de aeração do solo, definido pela relação água/ar, modifica o nível de oxidação dos elementos, transformando formas solúveis em insolúveis ou vice-versa.

Em condições de excesso de aeração, o ambiente torna-se oxidante e formas mais reduzidas como Mn^{+2} e Fe^{+2}, que são solúveis, são oxidadas para Mn^{+3} e Fe^{+3}, que são insolúveis.

Quando se fala em teores totais de elementos traços no solo, é preciso ter em mente a metodologia usada na determinação. Algumas metodologias, apesar de denominarem o valor obtido como total, na verdade não o é. Assim, a metodologia USEPA (1986), que ataca a amostra de solo com HNO_3, HCl e H_2O_2 concentrados e a quente, na realidade não determina o conteúdo total do elemento traço. Para que o teor total seja obtido, é preciso realizar a dissolução total da amostra de solo, o que se consegue por uma complementação da digestão com HF a quente.

É evidente que, quando se adiciona um elemento traço no solo através de um resíduo, de um agroquímico ou simplesmente ele ocorre pela deposição atmosférica, se este metal não for removido por lixiviação, por erosão, por volatilização ou pelas culturas, seu teor no solo tende a aumentar. Ás vezes, tal aumento pode não ser detectado pelo tipo de metodologia usada na determinação.

É bom lembrar que os teores totais de elementos traços no solo (ou os pseudototais, como os obtidos pela metodologia USEPA) podem não representar a disponibilidade dos mesmos para as plantas (de modo geral não representam). Para se avaliar a disponibilidade dos elementos traços para as plantas têm sido testados uma série de extratores, embora nenhum deles tenha sido eficiente para todos. Às vezes, um determinado extrator extrai uma quantidade de um elemento que se correlaciona muito bem com a quantidade absorvida por uma determinada planta, mas não apresenta a mesma correlação para com outros elementos (MATTIAZZO et al., 2001).

Vários têm sido os extratores utilizados para extrair elementos traços do solo e estimar sua disponibilidade para as plantas, sendo os mais comuns soluções ácidas (HCl 0,1 mol L^{-1}, Mehlich 1), soluções contendo quelantes e ácidos (Mehlich 3), soluções de agentes quelantes (EDTA, DTPA-pH 7,3, DTPA-TEA- pH 7,3), soluções de sais neutros ($CaCl_2$, $MgCl_2$, $Ca(NO_3)_2$, acetato de amônio). Todavia, nenhum deles até o momento se mostrou eficiente para estimar a disponibilidade de Cd, Cr, Ni, e Pb para as plantas (ANJOS; MATTIAZZO, 2001; MATTIAZO et al., 2001). Mais recentemente, vem sendo estudado o uso de ácidos orgânicos da rizosfera para estimar a disponibilidade de elementos traços oriundos da aplicação do lodo de esgoto ao solo para as plantas, e os resultados parecem promissores (PIRES, 2003).

Em estudo para avaliar formas de cobre em Latossolo tratado com compostos obtidos com lodo de esgoto da Estação de Tratamento de Esgotos (ETE), localizada em Franca, SP, e bagaço de cana-de-açúcar, cultivado com tomateiro, Revoredo et al. (2004) observaram que o metal não foi detectado nas frações solúveis em água, trocáveis e ligadas a óxidos de Mn, predominando nas frações residual e óxidos de Fe, exatamente as mais estáveis.

Alguns problemas na contaminação de solo com Zn estão relacionados à espécie química com que o mesmo se apresenta. Complexos orgânicos solúveis de Zn, presentes principalmente em resíduos de esgotos municipais, são de alta mobilidade no solo, estando, portanto, facilmente disponível para as plantas. Em solo arenoso com pH 6,1 e com 1,25% de matéria orgânica, que recebeu lodo de esgoto enriquecido com Zn, observou-se a presença de 3-21% de espécies de Zn facilmente disponíveis e 21-34% de espécies fracamente ligadas à fração sólida ou trocáveis (KABATA-PENDIAS; PENDIAS, 1992).Oliveira (1995) estudou o efeito de doses de lodo de esgoto (0, 50, 100 e 150 t ha^{-1}) em Neossolo e Latossolo Vermelho em condições de casa de vegetação e sob dois níveis de pH sobre o Zn, e verificou aumento na disponibilidade do metal somente na maior dose do resíduo.

O lodo de esgoto é um resíduo que tem sido usado com frequência cada vez maior em áreas agrícolas e que tem contribuído para uma alteração na concentração e na espécie com que os elementos traços ocorrem no solo.

Nos Estados Unidos, o tratamento do solo por lodo de esgoto com altas concentrações de Pb e por longos períodos levou a uma concentração do metal de 425 mg kg^{-1}, sendo que a concentração do solo não tratado era de 47 mg kg^{-1} (WHO, 1989).

Doses de lodo de esgoto de 50, 100 e 150 t ha^{-1} aplicadas em Neossolo e Latossolo sob diferentes valores de pH causaram aumento na disponibilidade de Cr somente na maior dose (OLIVEIRA, 1995).

O comportamento do Ni no solo, principalmente quando adicionado por meio do lodo de esgoto, ainda é pouco conhecido. Somente agora trabalhos vêm sendo desenvolvidos com este objetivo, principalmente tendo em visto o elevado teor do metal encontrado em lodos de esgoto obtidos em regiões metropolitanas.

Reis (2002) estudou a distribuição do Ni em Argissolo Vermelho Amarelo distrófico (PVAd) e Nitossolo Vermelho distrófico (NVd) e sua disponibilidade para plantas de alface, quando adicionado na forma de cloreto de níquel e lodo de esgoto e sob diferentes teores de matéria orgânica (pela adição de turfa) e de pH (pela calagem). A calagem foi o fator que mais afetou as formas de Ni no solo, reduzindo a fração trocável e aumentando a fração ligada à matéria orgânica e aos óxidos. A turfa aumentou a fração trocável e diminuiu as frações ligadas à matéria orgânica e aos óxidos.

A distribuição do metal, quando adicionado pelo lodo de esgoto, predominou nas frações mais fortemente retidas, comportamento distinto de quando adicionado na forma de $NiCl_2$. As doses mais baixas de calcário e turfa resultaram em teores mais elevados de Ni solúvel e livre, que aumentaram com a dose de $NiCl_2$. O Ni adicionado ao solo, seja pelo cloreto de níquel, seja pelo lodo de esgoto, correlacionou-se com o Ni absorvido pela planta.

A aplicação de doses de lodo de esgoto (0, 50, 100 e 150 t ha^{-1}) em Neosolo Quartzarênico e Latossolo Roxo sob dois níveis de pH causou aumento na disponibilidade de Ni somente na dose mais elevada (OLIVEIRA, 1995).

Revoredo e Melo (2004) contaminaram lodo de esgoto obtido na ETE-Barueri (região metropolitana de São Paulo) com Ni ($NiCl_2$) para atingir concentrações de 280, 420, 630 e 945 mg kg^{-1} (base seca). Após adição do sal de níquel, o resíduo foi incubado por 60 dias, mantendo-se a umidade em torno de 70% da capacidade de retenção. O lodo de esgoto, assim obtido, foi incorporado a um Latossolo Vermelho distrófico em dose equivalente a 10 t ha^{-1}, que foi cultivado com sorgo. Amostras de solo obtidas aos 60 dias após a semeadura foram analisadas com relação ao conteúdo em Ni nas frações da matéria orgânica, sendo que a quase totalidade do metal foi encontrada na fração humina.

Em Latossolo Vermelho distrófico cultivado com milho por 6 anos consecutivos e recebendo aplicação anual de lodo de esgoto obtido na ETE-Barueri nas doses 0, 5, 10 e 20 t ha^{-1}, o Ni também se concentrou na fração humina e grande parte do mesmo não foi extraído pelo ataque com HCl e HNO_3 concentrados e a quente (MELO et al., 2007), como se pode observar na Figura 1.

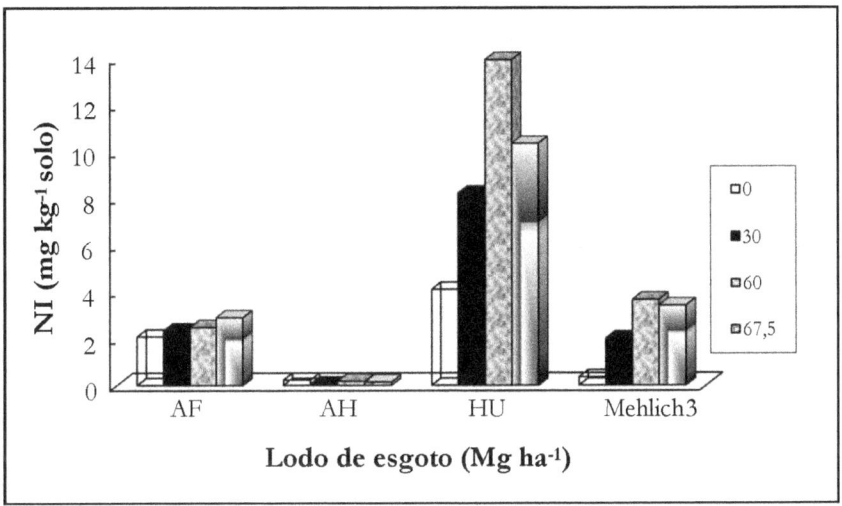

Figura 1. Níquel nas frações da matéria orgânica de um Latossolo Vermelho distrófico tratado com doses crescentes de lodo de esgoto e cultivado com milho por 6 anos. AF= ácidos fúlvicos. AH= ácidos húmicos. HU= humina. Mehlich 3= níquel extraído pelo extrator Mehlich 3.
Fonte: Melo et al. (2007).

Efeito sobre a composição e atividade da biota

Os elementos traços podem causar alterações nas propriedades bioquímicas e biológicas do solo, uma vez que, ao serem absorvidos pelos organismos, podem causar toxicidade e morte dos mesmos, alterando o efeito de sua participação nas propriedades do solo.

Para aproveitar biomoléculas de elevado peso molecular, como alguns carboidratos (amido, celulose), proteínas, lipídeos, que não podem ser absorvidos diretamente, os microrganismos do solo sintetizam enzimas hidrolíticas (amilases, proteases, lípases), que são liberadas para o ambiente do solo ou permanecem retidas na membrana celular, externamente. Tais enzimas catalisam as reações de hidrólise e os produtos da reação são absorvidos. No interior das células os produtos são utilizados como fonte de energia e de carbono para o metabolismo microbiano. Com a morte dos microrganismos, o conjunto de enzimas que atuavam nas diferentes vias metabólicas é liberado para o solo, onde as mesmas podem se complexar com a matéria orgânica e com os colóides minerais, permanecendo ativas por tempo variável.

A adição ao solo de fontes de C e de nutrientes causa aumento na sua biota, que segue uma sucessão metabólica dependente das fontes de C e de nutrientes disponíveis, afetando a atividade biológica e enzimática.

Contudo, a adição de substâncias tóxicas, como é o caso dos elementos traços, pode causar impacto negativo sobre a biota do solo, com diminuição da biomassa, sua ação e eficiência, com reflexos na atividade biológica e enzimática. Alguns elementos traços têm maior efeito sobre a biomassa microbiana do solo do que outros. A ordem na capacidade de interferência é Cu>Zn>Ni>Cd (MELO et al., 2000).

Os elementos traços também podem inibir diretamente as exoenzimas presentes no solo, uma vez que têm a capacidade de reagir com as moléculas proteicas, causando sua desnaturação e a consequente perda da atividade. Avaliações na biota do solo constituem ferramentas de grande valor para avaliação de respostas à aplicação de resíduos ao solo, do mesmo modo que a relação C-biomassa/C-orgânico total. Selbach et al. (1991) observaram aumento, ao longo de tempo, no número de bactérias, fungos e actinomicetos em solos tratados com lodo de curtume, contendo crômio. Resultados semelhantes foram obtidos por Castilhos et al. (2000), em que a adição de até 60 t ha^{-1} de lodo de curtume, contendo crômio, proporcionou aumento significativo no número de bactérias, fungos e actinomicetos, fato que os autores atribuíram ao aumento do pH do solo para próximo de 6 e à matéria orgânica contida no resíduo. Em experimento de longa duração sobre a aplicação de lodo de esgoto em área agrícola, Neves et al. (2010) detectaram a presença de antracnose (*Colletotrichum graminicola*), ferrugem polissora (*Puccinia polysora*) e ferrugem branca (*Physopella zeae*) em plantas de milho, porém, as doses do lodo de esgoto não influenciaram a intensidade do taque destes agentes fitopatogênicos.

Solubilidade e mobilidade no perfil

Como já visto, a mobilidade dos elementos traços no perfil do solo depende de uma série de fatores do solo e do clima. Entre os fatores do solo estão o conteúdo e a qualidade da matéria orgânica, o conteúdo e o tipo dos minerais de argila, o conteúdo de óxidos e hidróxidos de ferro, manganês e alumínio, a presença, a concentração e o tipo de ligantes orgânicos, o pH e o potencial de oxirredução.

Em assim sendo, quando se adiciona lodo de esgoto a um solo agrícola, os elementos traços presentes em sua composição vão ser transformados de acordo com as condições edafoclimáticas, podendo assumir formas solúveis, passíveis de serem absorvidas pelas plantas, migrarem em profundidade no perfil do solo ou serem redistribuídos entre os seus diferentes compartimentos.

Com exceção do Mo e do Se, a solubilidade dos elementos traços diminui com o aumento do pH, sendo que aumento do pH do solo em uma unidade determina diminuição de 100 vezes na disponibilidade do Cu, mas aumenta em 100 vezes a do Mo.

Muitas das formas tóxicas dos elementos traços catiônicos (Ag^+, Cu^{2+}, Pb^{2+}) apresentam baixa mobilidade no solo por formarem complexos de esfera interna (adsorção específica) com os minerais. Este comportamento ficou bem evidenciado para a adsorção de Pb em latossolos brasileiros (PIERANGELI et al., 2001b). No caso do Cd, a adsorção foi predominantemente não específica (formação de complexos de esfera externa), o que torna o Cd mais móvel em latossolos do que o Pb.

A presença de ligantes orgânicos previamente adsorvidos ou em solução pode aumentar ou diminuir a disponibilidade dos elementos traços, uma vez que competem com a adsorção desses elementos em óxidos de Fe e Al. Assim, uma elevada concentração de ligantes orgânicos na solução do solo diminui a adsorção pelo efeito de competição. Todavia, uma paridade molar ligante:metal favorece a adsorção, provavelmente pela formação de complexos ternários solo-ligante-metal (GUILHERME et al., 1995).

Oliveira (2002) estudou a movimentação de Cd, Pb e Zn presentes em um resíduo calcário rico nestes metais, causada pela água e por extratos hidrossolúveis de tecidos vegetais (braquiária e milho) em Latossolo Vermelho distroférrico típico, e concluiu que, em condições normais, uma única aplicação do resíduo dificilmente acarretaria problemas ambientais e o risco de contaminação do lençol freático é nulo ou muito pequeno. Contudo, extratos hidrossolúveis testados foram incapazes de lixiviar quantidades apreciáveis dos metais, concluído pela necessidade de estudos de longa duração e com aplicações sucessivas do resíduo.

Chumbo (Pb)

O Pb pode se apresentar nos estados de oxidação II e IV, mas na natureza ocorre principalmente com o nível de oxidação II.

É relativamente abundante na crosta terrestre, onde ocorre em concentração que varia entre 10 e 20 mg kg^{-1}, sendo que os teores nos solos situam-se na faixa 10-70 mg kg^{-1}.

Este elemento traço vem sendo utilizado pelo homem há muito tempo. Os óxidos de Pb são utilizados na fabricação de vidros e cristais, vernizes e esmaltes, e na vitrificação. Também foi muito utilizado em encanamentos e na confecção de utensílios domésticos.

As principais fontes naturais de Pb são as erupções vulcânicas, o intemperismo geoquímico e névoas aquáticas. Estima-se que a emissão natural de Pb seja da ordem de 19.000 t ano^{-1} (WHO, 1989). A incineração de resíduos de esgoto contribui com 240-300 t ano^{-1} da emissão do elemento (PAOLIELLO; CHASIN, 2001).

O teor de Pb no solo está fortemente ligado ao material de origem, tendendo a ser mais elevado naqueles originados de rochas máficas, mas é também muito influenciado pelas atividades antropogênicas. Normalmente, ocorre em concentrações abaixo de 30 mg kg^{-1} nas áreas rurais, mas pode chegar a 10.000 mg kg^{-1} nas proximidades de fundições e rodovias de alto tráfego (BELLINGER; SCHWARTS, 1997).

Marques et al. (2002) avaliaram o teor de Pb em 45 solos brasileiros sob condições de cerrado, encontrando um valor médio 10±5 mg kg^{-1}, enquanto Campos et al. (2003), ao estudarem latossolos brasileiros, encontraram um valor médio de 22 mg kg^{-1}. De modo geral, para solos brasileiros, os diferentes autores têm encontrado valores na faixa 10-20 mg kg^{-1}.

A forma do Pb no solo pode variar grandemente em função do tipo de solo. Este elemento associa-se principalmente a minerais de argila, óxidos e hidróxidos de Fe, Al e Mn e à matéria orgânica. Em alguns casos, pode concentrar-se em partículas de $CaCO_3$ e de fosfatos (KABATA-PENDIAS; PENDIAS, 2000).

A extração sequencial de Pb em solos brasileiros contaminados com resíduos de mineração evidenciou que mais de 90% do metal encontrava-se na fração residual, que apresenta baixa disponibilidade para as plantas, causando pouco ou nenhum risco ambiental (RIBEIRO FILHO et al., 1999).

Estudos têm demonstrado que o Pb apresenta baixa mobilidade no solo, acumulando-se na superfície do mesmo (SHEPPARD; THIBAULT, 1992). Segundo Malavolta (1994), o chumbo acumula-se nos primeiros 15 cm da superfície do solo e sua concentração decresce com a profundidade, embora, às vezes, possa descer pelo perfil até os 30-45 cm de profundidade, dependendo do teor e qualidade da matéria orgânica, da acidez e da CTC.

Práticas de manejo e a calagem afetam sensivelmente a disponibilidade do Pb presente no solo. Em pH elevado, o Pb pode precipitar na forma de carbonato, fosfato e hidróxido. A calagem pode promover a formação de complexos de Pb com a matéria orgânica, havendo evidência da formação de quelatos de baixa solubilidade. A adubação fosfatada também diminui a disponibilidade de Pb pela formação de fosfatos altamente insolúveis, de tal forma que a aplicação de adubos fosfatados a solos contaminados por Pb tem sido uma das técnicas mais usadas para remediação de eventuais problemas de toxicidade pelo metal (TRAINA; LAPERCHE, 1999).

A mobilidade do Pb no perfil solo e sua disponibilidade para as plantas são fortemente reguladas pelo pH e pela matéria orgânica. Em pH 5 e com teor de matéria orgânica maior que 5%, o Pb é fortemente retido e permanece na camada até 5,0 cm. Em pH na faixa 4-6, os complexos orgânicos tornam-se solúveis e o Pb pode mover-se para as camadas inferiores do solo ou ser absorvido pelas plantas. Em pH entre 6 e 8 e elevado teor de matéria orgânica, o

Pb forma complexos insolúveis com a matéria orgânica. Se o teor de matéria orgânica for baixo, ocorre a formação de óxidos hidratados de Pb ou de precipitados de carbonatos e fosfatos de Pb. Na maioria dos casos, a mobilidade vertical do Pb no perfil do solo é muito pequena, a não ser em condições especiais, como pH muito baixo ou concentração de Pb nas proximidades ou acima da CTC.

Estudo realizado com 16 solos brasileiros mostrou que os mesmos possuem grande capacidade de retenção de Pb e que mesmo em solos com pH em torno de 4,5 ou menos o elemento pode se encontrar em forma não disponível para as plantas (PIERANGELI et al., 2001a).

Em Latossolo Vermelho eutroférrico (LVef) e Latossolo Vermelho distrófico (LVd), que receberam doses de lodo de esgoto (ETE- Barueri) de 2,5; 5,0 e 10,0 t ha^{-1} (base seca) por 3 anos consecutivos e foram cultivados com milho, a dose de resíduo somente afetou a concentração do metal no LVef na profundidade 10-20 cm, ou seja, logo abaixo da camada de incorporação (0,10 m) e nas doses intermediárias (Figura 2).

Amostras de um Latossolo Vermelho Escuro (Maringá, PR), coletadas de 20 em 20 cm até a profundidade de 80 cm, foram colocadas em lisímetro (10 cm de diâmetro e 80 cm de altura) e tratadas (camada 0-20 cm) com o equivalente a 6 t ha^{-1} de lodo de esgoto (ETE-Sanepar) e contaminadas com 0, 2.500 e 5.000 mg kg^{-1} de Pb (PbCl$_2$), mantendo-se o pH em 6,5 por meio de calagem (CaCO$_3$+MgCO$_3$ relação 3:1). Plantas de milho foram cultivadas por 75 dias, irrigadas semanalmente com o dobro da precipitação máxima ocorrida na região nos últimos 25 anos (151,5 mm) de modo a garantir percolação. Os resultados mostraram que o Pb não se moveu no perfil do solo (BARRIQUELO et al., 2003).

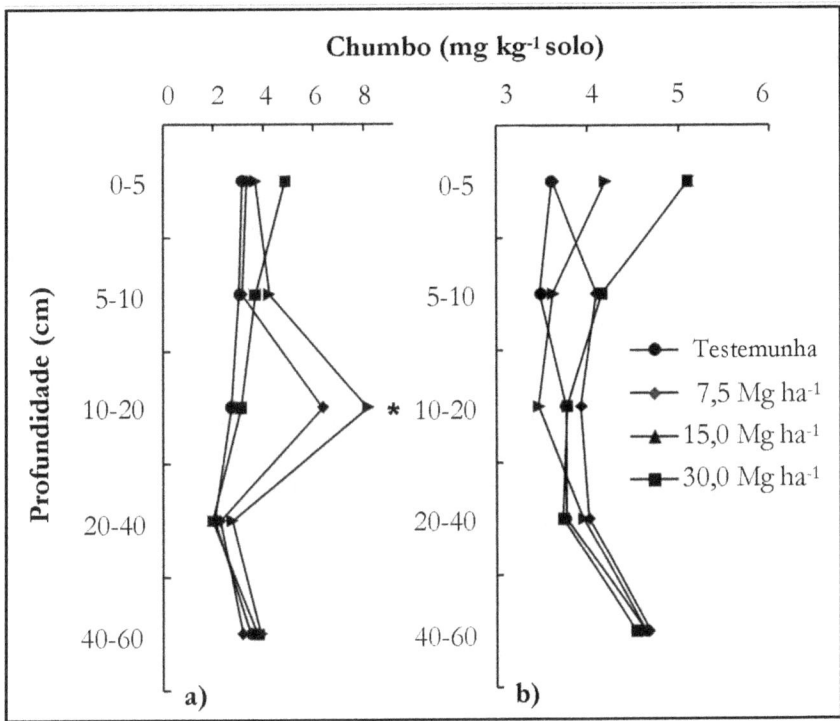

Figura 2. Chumbo total (método USEPA, 1986) em perfis de Latossolo Vermelho eutroférrico (a) e Latossolo Vermelho distrófico (b) tratados com doses de lodo de esgoto por 3 anos consecutivos e cultivados com milho. * Houve efeito significativo de dose, pelo teste Tukey a 5%.
Fonte: Melo (2002).

Cádmio (Cd)

O Cd é um elemento relativamente raro e não ocorre na natureza na forma pura, estando associado a sulfetos em minérios de Zn, Pb e Cu. A concentração na crosta terrestre é da ordem de 0,15 mg kg^{-1}.

O elemento é utilizado na fabricação de ligas metálicas com baixo ponto de fusão, baixo coeficiente de fricção e grande resistência à fadiga. Estima-se que 40-60% do Cd produzido seja utilizado na indústria automobilística e 35% na produção de baterias Ni-Cd. O sulfeto de Cd é utilizado como estabilizador na indústria de plásticos polivinílicos (16%) e como pigmento amarelo na indústria de tintas e vidros. Compostos de Cd são utilizados como componentes fluorescentes em televisores e como amálgama em odontologia (25% de Cd e 75% de Hg). Pelo seu uso industrial há grande possibilidade do Cd aparecer nos esgotos domésticos.

O principal fator determinante da concentração de Cd em solo não submetido à ação antropogênica é a composição química da rocha de origem (Tabela 6) ficando normalmente abaixo de 1,0 mg kg^{-1} e, de modo geral, na faixa 0,06-1,1 mg kg^{-1}. Em Latossolos brasileiros, têm sido encontrados valores na faixa 0,66-10,00 mg kg^{-1} (KER, 1995; CAMPOS et al., 2003).

No processo de intemperização, o Cd passa rapidamente para a solução do solo, onde pode ocorrer na forma de cátion Cd^{2+}, que é o estado de valência mais importante no ambiente. Em função das condições edafoclimáticas, o íon Cd^{2+} pode formar uma série de espécies iônicas e também complexos com a matéria orgânica.

Estudos de especiação têm mostrado que, na solução do solo, a espécie predominante é o Cd^{2+}. Dependendo do pH e da presença de outros íons, também pode ocorrer nas formas de $(CdCl)^{+}$, $(CdOH)^{+}$, $[Cd(HCO3)]^{+}$, $(CdCl_3)^{-}$, $(CdCl_4)^{2-}$, $[Cd(OH)_3]^{-}$, $[Cd(OH)_4]^{2-}$.

O Cd é considerado um dos mais móveis dos elementos traços, mas os resultados de pesquisa para avaliar sua mobilidade no perfil do solo têm sido contraditórios, deixando claro que o comportamento depende das condições intrínsecas do solo. Há autores que consideram que o Cd apresenta certa mobilidade no solo (SHEPPARD; TIBAULT, 1992), especialmente em solos ácidos (AMARAL SOBRINHO et al., 1998), enquanto outros consideram o Cd como praticamente imóvel no perfil do solo (ADRIANO, 1986; MALAVOLTA, 1994; LI; SHUMAN, 1996).

Embora vários fatores afetem a solubilidade do Cd no solo, os fatores considerados como os mais importantes são o pH e o potencial de redox. Sob condições de forte oxidação, o cádmio pode formar óxidos (CdO) e carbonatos ($CdCO_3$), que apresentam baixa solubilidade em água (KABATA-PENDIAS; PENDIAS, 1992). Em baixos valores de pH, o Cd encontra-se ligado a sítios de baixa afinidade, enquanto em pH mais elevado a ligação ocorre em sítios de alta afinidade por adsorção específica (FILIUS et al., 1998; GRAY et al., 1998). Desta forma, em condições de baixo pH, o Cd tende a ser mais móvel no solo, sendo que a maior mobilidade ocorre na faixa 5-7.

A elevação do pH provoca aumento das cargas negativas da fração coloidal, aumentando a afinidade para com o Cd. Assim, em solos com cargas variáveis e possuindo teores elevados de matéria orgânica e de óxidos de ferro, a concentração de Cd na solução do solo pode ser diminuída pela calagem.

Em solo com pH próximo à neutralidade, o Cd forma hidroxicátion ($CdOH^+$), que é adsorvido na superfície dos óxidos de Fe e Al (McBRIDE, 1978). Com o avanço da reação, pode ocorrer coprecipitação com óxidos de Fe e Mn. Nestas condições, a adsorção do Cd diminui, provavelmente devido a uma competição com os íons Ca^{2+} e Mg^{2+}.

Embora seja o pouco móvel no solo (MALAVOLTA, 1994), em solos ácidos, ocorrendo em regiões onde o índice pluvial é elevado, a probabilidade de ocorrer a movimentação vertical do Cd no perfil do solo é maior, uma vez que, em tais condições, há menor ocorrência dos fenômenos de adsorção coprecipitação (AMARAL SOBRINHO et al., 1998, DIAS et al., 2001).

Várias técnicas de manejo de solos agrícolas com elevados teores de Cd vêm sendo desenvolvidas para diminuir sua disponibilidade para as plantas e o risco de poluição das águas subterrâneas, técnicas essas baseadas no aumento do pH e da CTC do solo. Embora se espere que a calagem diminua a absorção de Cd devido a um aumento do pH do solo, essa prática não é efetiva para todos os solos e espécies de plantas. Há relatos de que a melhor e mais confiável técnica para a redução da disponibilidade de Cd é a adição de uma camada de 30 cm de solo não contaminado sobre o solo contaminado, técnica cuja viabilidade depende da extensão da área contaminada e da disponibilidade de solo não contaminado nas proximidades.

Metais como Ca, Co, Cr, Cu, Ni e Pb podem competir com o Cd pelos sítios de adsorção. O aumento da concentração de Ca de 0,001 para 0,01 mol/L reduziu a adsorção de Cd em 67% em solo franco-arenoso, o que foi atribuído ao efeito competitivo do Ca pelos sítios de adsorção dos óxidos-hidróxidos (lei de ação de massa).

O Cd forma compostos solúveis com o Cl⁻, diminuindo sua adsorção com o consequente aumento na mobilidade pelo perfil do solo e insolúveis com fosfatos e carbonatos, de tal forma que em concentrações elevadas de Cd pode haver formação de precipitados de fosfatos e carbonatos.

A movimentação vertical do Cd não foi observada em colunas de Latossolo Vermelho distrófico e Nitossolo submetidos à calagem para elevar o pH a 6,0 e tratados com lodo de esgoto na dose 6 t ha⁻¹ (base seca) contaminado artificialmente com Cd ou Cd+Pb pela adição de $CdCl_2$ e $PbCl_2$ e incorporado na camada 0-0,20 m (JULIATTI et al., 2002).

A presença de Cd também não foi encontrada no lixiviado em amostras obtidas após 1, 5 e 12 semanas de incubação em estudo com lodo de esgoto em Latossolo Vermelho distrófico (argila= 32% e V%= 70) e Nitossolo (argila= 52% e V%= 70), contidos em colunas e irrigados uma vez por semana com o equivalente ao dobro da máxima precipitação (304 mm ou 1,52 L por vaso) na região (Maringá, PR) nos últimos 21 anos (PRADO; JULIATTI, 2003).

A estimativa de meia vida do Cd no solo varia de 15 a 1.100 anos, de tal modo que há necessidade de um monitoramento por longo período.

Em condições de campo, em dois latossolos que receberam lodo de esgoto (ETE-Barueri, SP) nas doses de 2,5; 5,0 e 10,0 t ha⁻¹ (base seca) por 3 anos consecutivos e foram cultivados com milho, foi observado efeito de dose sobre a concentração de Cd na camada 0-5 cm dos dois solos e na camada 20-40 cm no Latossolo Vermelho distrófico. Na camada superior, a maior concentração de Cd foi observada no tratamento que recebeu a maior dose de resíduo, mas na camada 20-40 cm, a maior concentração ocorreu no tratamento testemunha (Figura 3). Não foi detectada movimentação vertical do elemento no perfil do solo.

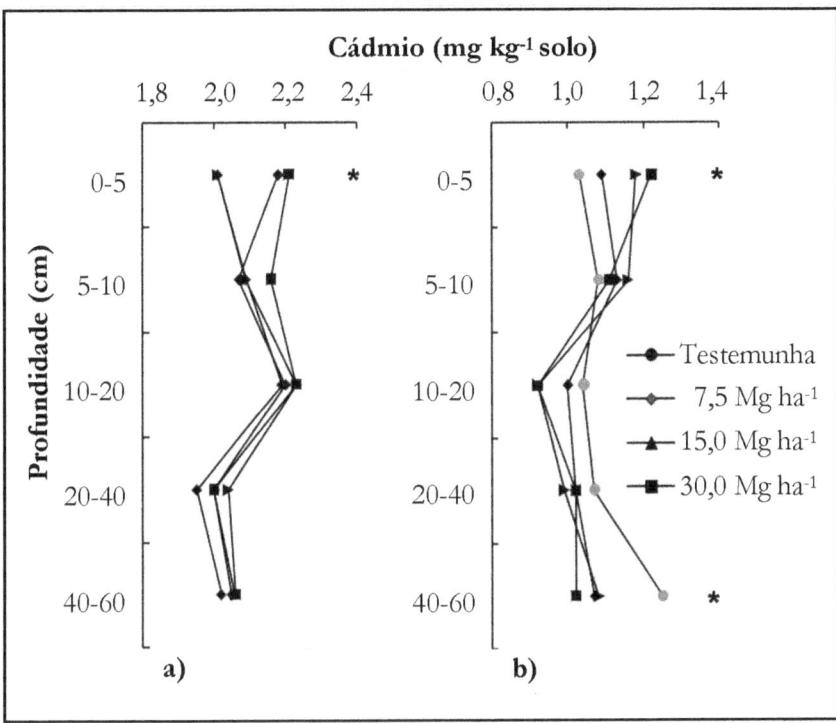

Figura 3. Cádmio total (método, 1986) em perfis de Latossolo Vermelho eutroférrico (a) e Latossolo Vermelho distrófico (b) tratados com lodo de esgoto por 3 anos consecutivos e cultivados com milho. * Efeito significativo de dose, pelo teste Tukey a 5%.
Fonte: Melo (2002).

Zinco (Zn)

A maioria das rochas da crosta terrestre contém Zn em concentrações variáveis (Tabela 6). Em função da origem, os solos naturalmente contém concentrações muito variáveis de Zn, desde traços a 900 mg kg^{-1}, com teor médio entre 50 e 100 mg kg^{-1} (AUBERT; PINTA, 1977). As principais fontes antropogênicas de Zn para o solo são as atividades de mineração, o uso agrícola de lodo de esgoto, de resíduos e subprodutos de processos industriais, e de agroquímicos como os fertilizantes.

O Zn não apresenta estado de oxidação variável, mostrando-se sempre com o número de oxidação II e apresentando grande afinidade para ligantes contendo enxofre.

As interações do Zn no solo dependem de propriedades como concentração e espécies do elemento e de outros íons na solução do solo, quantidade dos sítios de adsorção associados à fase sólida do solo, concentração dos ligantes capazes de formar complexos orgânicos com o metal, pH e potencial redox.

Parece haver dois mecanismos para adsorção do Zn no solo, um em condições ácidas e outro em condições alcalinas. Em meio ácido, a adsorção está associada a sítios de troca catiônica e, em meio alcalino, à quimiossorção, fortemente afetada pelos ligantes orgânicos (KABATA-PENDIAS; PENDIAS, 2000).

Os ácidos fúlvicos apresentam seletividade para com o Zn. Em solos altamente lixiviados, os ácidos húmicos podem complexar o Zn e moverem-se para cima e para baixo no perfil do solo, dependendo do regime hídrico. Compostos orgânicos não húmicos, como os aminoácidos, são agentes efetivos na complexação ou quelação do Zn, o que também aumenta sua mobilidade no perfil do solo.

Devido à natureza coloidal, os humatos de Zn podem ser considerados um reservatório orgânico para armazenamento do metal (OLIVEIRA, 2002).

A remediação de solos contaminados é comumente baseada no controle da disponibilidade pela calagem e de matéria orgânica. A elevação de uma unidade no pH diminui em 100 vezes a solubilidade do Zn^{2+}.

A concentração de Zn em Latossolo Vermelho eutroférrico e Latossolo Vermelho distrófico que receberam aplicações de lodo de esgoto por 3 anos consecutivos nas doses 0, 2,5; 5,0 e 10 t ha^{-1} (ETE-BARUERI), base seca, cultivados com milho em condições de campo, aumentou na maior dose do resíduo e nas camadas 0-5 e 5-10 cm, locais onde o resíduo foi incorporado (Figura 4). Não se detectou movimentação vertical do metal no perfil do solo (MELO, 2002):

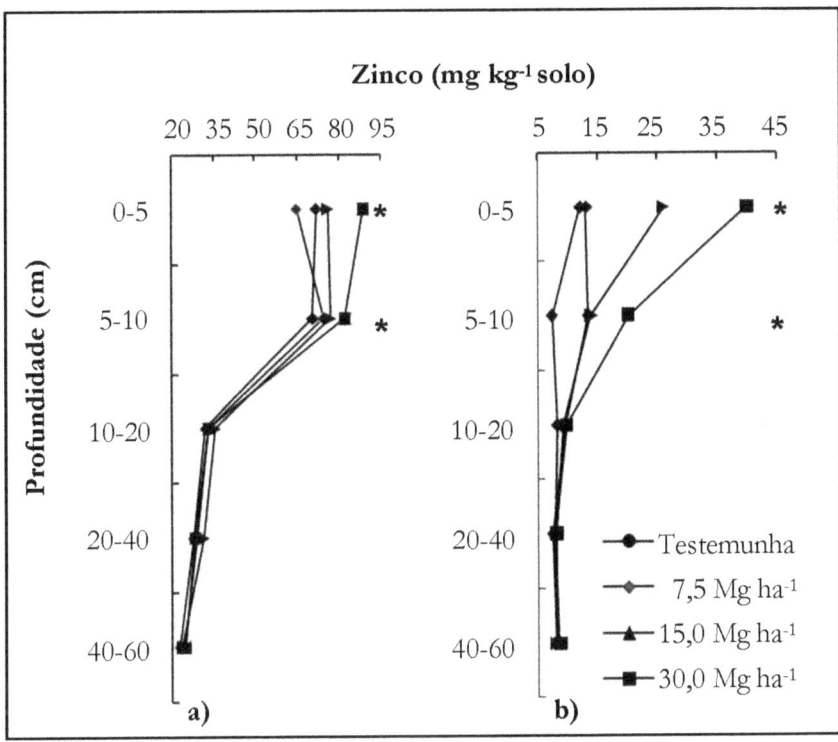

Figura 4. Zinco total (método USEPA, 1986) em perfis de Latossolo Vermelho eutroférrico (a) e Latossolo Vermelho distrófico (b) tratados com lodo de esgoto (ETE-Barueri) por 3 anos consecutivos e cultivados com milho. * Efeito significativo de dose pelo teste de Tukey a 5%.
Fonte: Melo, (2002).

Arsênio (As)

O arsênio é um metalóide sólido, cristalino, acinzentado, usado na fabricação de ligas metálicas, pigmentos, vidros, pesticidas e, curiosamente, o arsênio pode fazer parte de ração animal, já que sua presença, em pequenas concentrações, favorece o processo de crescimento. É encontrado no solo, em águas subterrâneas e superficiais, na atmosfera (originário da queima de combustíveis fósseis) e nos alimentos, principalmente ostras e crustáceos.

A concentração do arsênio na crosta terrestre é de cerca de 5 mg kg^{-1}, encontrando-se vastamente disperso na natureza.

Frequentemente, encontram-se amostras de arsênio com grau de pureza de 90% a 98%. As impurezas normalmente associadas a estas amostras são o antimônio, o bismuto, o ferro, o níquel e o enxofre.

Em geral, o arsênio é encontrado na natureza na forma de sulfuretos, arsenietos, sulfoarsenetos e arsenitos e, ocasionalmente, de óxidos e oxicloretos. Os minerais de arsênio mais comuns são arsenopirita ($FeAsS$), loelingita ($FeAs_2$), enargita ($CuS.As_2S_5$), auripigmento (ouro-pimenta - As_2S_3) e realgar (sulfureto de arsênio - AsS).

Devido às propriedades de semimetal, o arsênio é utilizado em metalurgia como metal aditivo. A adição de 2% de arsênio ao chumbo permite melhorar sua esfericidade, enquanto 3% em uma liga à base de chumbo melhora as propriedades mecânicas e otimiza o comportamento em elevadas temperaturas. Também pode ser adicionado em pequenas quantidades às grelhas de chumbo das baterias para aumentar a rigidez.

As principais fontes antrópicas de As são provenientes da combustão de carvão, resíduos combustíveis, agroquímicos (agentes desfolhantes utilizados em lavouras de algodão, fungicidas, herbicidas, inseticidas), aditivos em alimentos para aves, bovinos e suinos (DAKUZAKU et al., 2001). Uma importante fonte antrópica de As é a atividade de exploração de minérios sulfetados, que produzem resíduos sólidos ricos neste metal. Esses resíduos são depositados na forma de pilhas de rejeitos, e a dissolução de minerais de As como a arsenopirita, dispostos nessas pilhas, é uma fonte permanente de poluição. Outra fonte provável de contaminação está relacionada aos precipitados de arseniatos metálicos utilizados como forma de disposição do As solubilizado em processos metalúrgicos (LADEIRA et al., 2002).

O arsênio está presente em solos agrícolas numa faixa de concentração que varia de 0,1 a 40 mg kg^{-1}, sendo 6 mg kg^{-1} o valor mais comum (MARQUES et al., 2002). Curi e Franzmeyer (1987) encontraram teores de arsênio variando de 6 a 10 mg kg^{-1} em Latossolo Vermelho e de 36 mg kg^{-1} em Latossolo ferrífero. Em Latossolo Vermelho distrófico que recebeu doses anuais de lodo de esgoto (5, 10 e 20 t ha^{-1}, base seca) por dez anos consecutivos, Lazo (2010) detectou concentrações de As total (método USEPA, 1986) variando de 0,14 a 0,24 mg kg^{-1} e diminuindo com a dose do resíduo.

Segundo Giacomini (2005), o comportamento do arsênio no solo é muito similar ao do fósforo (P), mas, ao contrário deste, o arsênio pode mudar o seu estado de oxidação de acordo com as condições de pH e potencial redox do solo e sofrer transformações biológicas que podem resultar na sua volatilização.

Concentrações de arsênio em perfis de solos com terra preta arqueológica e solos de área adjacente do Sítio Ilha de Terra, Caxiuanã, Estado do Pará, região Amazônica, apresentaram concentrações do Fe e As aumentando com a profundidade, enquanto que as concentrações de matéria orgânica decresceram, resultados que indicam interações entre Fe e As e sugerem que a matéria orgânica promove a dissolução da goethita e lixiviação do Fe e As (LEMOS et al., 2009).

O potencial redox do solo influencia a especiação e a solubilidade do arsênio no solo. Em condições oxidantes, em ambientes aeróbicos, o arseniato é a espécie estável e é fortemente adsorvida pelas argilas, óxidos e hidróxidos de Fe e Mn e pela matéria orgânica do solo, em condições redutoras o arsenito é a forma predominante (SADIQ et al., 1983).

O As nos solos ainda é pouco estudado no Brasil, havendo um número limitado de trabalhos científicos a seu respeito.

Níquel (Ni)

A maioria das rochas da crosta terrestre contém Ni na sua composição, conforme pode ser observado nos dados da Tabela 6.

A concentração de Ni no solo varia em função da rocha de origem e da intensidade da intervenção antrópica. Segundo Adriano (1986), a concentração de Ni no solo encontra-se na faixa 20-40 mg kg^{-1}, porém em solos oriundos de serpentina, os valores podem variar de 100 a 7000 mg kg^{-1}, uma vez que este mineral é derivado da olivina (Mg,Fe(SiO, atingindo concentrações de 300-600 mg kg^{-1} (SATO, 1977).

No Estado de São Paulo, Rovers et al. (1983) encontraram concentrações de Ni-total de 127 mg kg^{-1} (Nitossolos originados de rochas básicas) e 10 mg kg^{-1} ou menos (Argissolos, originados do arenito de Bauru, Latossolo Vermelho-amarelo e Neossolo), sendo 40 mg kg^{-1} o valor médio.

Fontes antropogênicas de Ni têm origem nos emissores em operações de processamento de metais e na queima de carvão e óleo. Fertilizantes fosfatados também podem ser importante fonte de Ni.

Informações sobre as espécies iônicas de Ni na solução do solo são muito limitadas, mas as espécies Ni^{2+}, $NiOH^+$, $HNiO_2^-$ e $Ni(OH)_3^-$ são possíveis de ocorrer, quando este elemento não está completamente quelado.

De acordo com Silva et al. (2003), a disponibilidade de Ni é inversamente proporcional ao pH e à matéria orgânica, que pode fixar ou mobilizar o Ni de acordo com sua natureza. A adição de matéria orgânica ao solo aumenta a capacidade de troca catiônica e torna o Ni menos disponível. Embora a matéria orgânica seja capaz de mobilizar o Ni de carbonatos e óxidos e diminuir a adsorção em argilas, a ligação do metal com ligantes orgânicos parece não ser muito forte (MELO, 2002).

A adsorção do Ni em óxidos de Fe e Mn é dependente do pH, provavelmente porque a forma $NiOH^+$ é preferencialmente adsorvida e também porque a carga de superfície dos adsorventes é afetada pelo pH (KABATA-PENDIAS; PENDIAS, 1992). Ligantes complexantes tais como SO_4^{2-} e ácidos orgânicos reduzem a adsorção de Ni, de tal forma que o metal tende a ser muito móvel em solos com alta capacidade de complexação, ou seja, ricos em matéria orgânica. Em experimento conduzido em dois Latossolos Vermelho-escuro, um de textura argilosa e outro de textura média, Camargo et al. (1989) observaram que a adsorção de Ni correlacionou-se com o pH e com o conteúdo em carbono orgânico.

Em solos não poluídos e em solos derivados de minerais silicatados serpentina não há variação na distribuição do Ni no perfil. Entretanto, em Argissolos, o teor do metal tende a aumentar com a profundidade. Em solos muito ácidos, localizados nas proximidades de fundições, o Ni pode lixiviar pelo perfil, como consequência das emissões ácidas (MALAVOLTA, 1994), uma vez que, de modo geral, a solubilidade do níquel no solo é inversamente relacionada ao pH e os hidróxidos de níquel existentes em pH > 6,7 são predominantemente insolúveis (VENEZUELA, 2001).

Em lodo de esgoto, onde se encontra principalmente na forma orgânica quelatada, o Ni é prontamente disponível para plantas e, portanto, pode ser altamente fitotóxico. Tratamentos do solo, tais como adição de cal, fosfato ou matéria orgânica, são utilizados para diminuir a disponibilidade deste metal para as plantas (KABATA-PENDIAS; PENDIAS, 1992). Contudo, segundo Silva (1995), a absorção do Ni pelas plantas é relativamente fácil, quando fornecido na forma iônica, diminuindo, quando o mesmo se apresenta na forma de quelato.

Os resultados obtidos sobre a movimentação do Ni no perfil do solo têm sido conflitantes, mas é provável que os dados discrepantes obtidos estejam relacionados às propriedades dos solos estudados.

O Ni é relativamente móvel no perfil do solo (SHEPPARD; THIBAULT, 1992) e em solos muito ácidos devido às emissões nas proximidades de fundições, pode ocorrer a lixiviação, vindo a ocorrer a contaminar águas subterrâneas em solos poluídos com o elemento traço (MALAVOLTA, 1994).

Em estudo de seis anos sobre aplicação de lodo de esgoto em solo, Chang et al. (1984) constataram que 90% do metal contido no resíduo permaneceu nos primeiros 15 cm de profundidade.

Avaliando o efeito de aplicações sucessivas de composto de lixo urbano sobre a movimentação do Ni em profundidade em um Latossolo Amarelo distrófico, Oliveira et al. (2002) não observaram evidência de movimentação.

Em condições de campo, dois latossolos, um Latossolo vermelho eutroférrico e um Latossolo Vermelho distrófico, que receberam doses de lodo de esgoto (ETE-Barueri, SP) de 2,5; 5,0 e 10,0 t ha^{-1} (base seca) por 3 anos consecutivos e foram cultivados com milho, não houve evidência do efeito dos tratamentos na concentração de níquel em qualquer das profundidades (Figura 5).

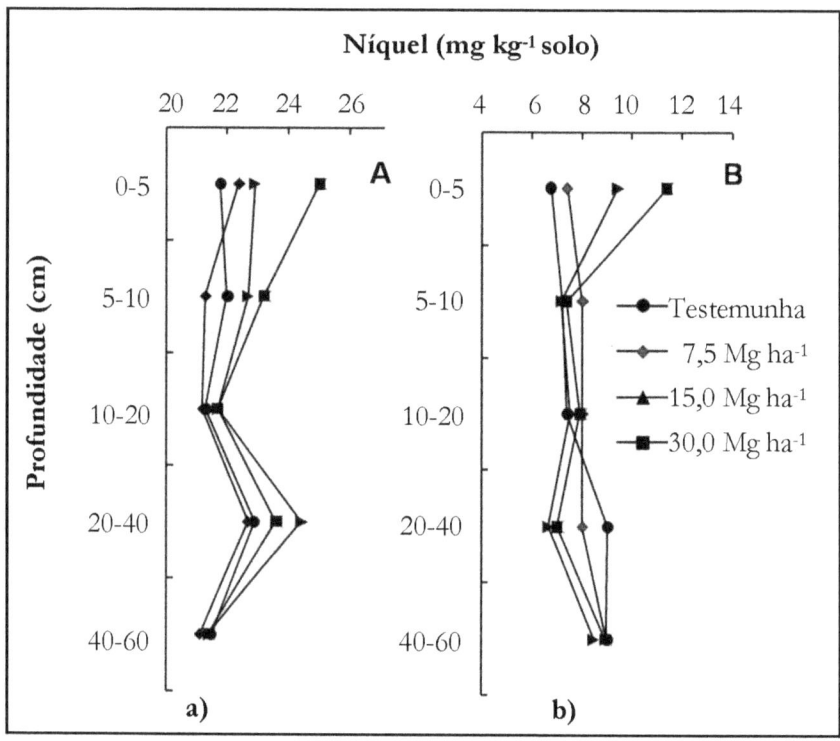

Figura 5. Níquel (método USEPA, 1986) em perfis de Latossolo Vermelho eutroférrico (a) e Latossolo Vermelho distrófico (b) tratado com doses crescentes de LE por 3 anos consecutivos e cultivado com milho.

Fonte: Melo (2002).

Crômio (Cr)

O crômio é encontrado em todas as rochas da crosta terrestre (Tabela 6), motivo pelo qual está presente no solo, na água e nos materiais biológicos. Os conteúdos total e solúvel de Cr no solo refletem a natureza do material de origem e a contribuição antrópica.

O Cr ocorre em estados de oxidação muito variáveis (de +2 a +6) e os resultados têm mostrado que a forma predominante do metal no solo é o Cr^{3+}, que se encontra participando da estrutura de um mineral ou na forma de óxidos.

O óxido de crômio é tão estável, que o mesmo tem sido usado em metodologia para avaliação da digestibilidade de alimentos em animais, uma vez que passa intacto pelo trato digestivo e o efeito diluição nas fezes permite a estimativa do grau de digestibilidade do alimento com o qual o mesmo foi misturado na dieta (GACEK et al, 1976).

O Cr^{+3} é pouco móvel no solo. Em pH 5,5, encontra-se quase totalmente precipitado, sendo seus compostos considerados muito estáveis. Por outro lado, o Cr^{6*} é muito instável em solos e é facilmente mobilizado em meio ácido ou alcalino. Enquanto a adsorção do Cr^{6+} diminui com o aumento do pH, a adsorção do Cr^{3+} aumenta.

Além do pH, o comportamento do Cr no solo é governado pelos teores de matéria orgânica e de fosfatos de Fe, Mn e Al (KABATA-PENDIAS; PENDIAS, 1992). O efeito dominante da matéria orgânica é estimular a redução do Cr^{6+} para Cr^{3+}. Assim, substâncias orgânicas adicionadas ao solo, como o lodo de esgoto, causam aumento significativo de duas espécies de Cr, o associado a hidróxidos e o ligado à matéria orgânica.

O Cr^{6+}, prontamente solúvel, é tóxico para plantas e animais, inclusive ao homem. Portanto, a variabilidade no estado oxidativo do Cr em solos é de grande importância ambiental. Já foi relatado, também, o efeito prejudicial dos compostos de Cr^{+6} sobre as propriedades bioquímicas de solos (KABATA-PENDIAS; PENDIAS, 1992). Assim, a pronta conversão de Cr^{6+} para Cr^{+3} sob condições normais do solo é de grande importância, pois é responsável pela baixa disponibilidade do elemento para as plantas.

A calagem, a aplicação de fósforo e de matéria orgânica são conhecidas por serem efetivas na redução da toxicidade do Cr em solos contaminados. Se a contaminação do solo é pelo Cr^{+6}, a acidificação e posterior introdução de agentes redutores podem ser utilizados para acelerar o processo de redução do Cr^{6+}. Após a redução, é aconselhável a prática da calagem para precipitar os compostos de Cr^{3+}.

Os estudos têm demonstrado que Cr apresenta baixa mobilidade no solo, acumulando-se na superfície do mesmo (SHEPPARD; THIBAULT, 1992).

Em estudo realizado por Melo (2002) para avaliar o efeito de doses de lodo de esgoto (0, 2,5, 5 e 10 t ha^{-1}), aplicado por 3 anos consecutivos, sobre a concentração de Cr no perfil de dois latossolos, detectou-se, em Latossolo Vermelho distrófico (Figura 6B), efeito de tratamentos em todas as profundidades, enquanto que, em Latossolo Vermelho eutroférrico (Figura 6A), apenas na profundidade 20-40 cm se detectou diferença entre os tratamentos, sendo que a dose 5,0 t ha^{-1} apresentou as concentrações mais elevadas. No LVef, argiloso, a concentração de Cr tendeu a diminuir com a profundidade, evidenciando pouca mobilidade no perfil , uma vez que o lodo de esgoto foi incorporado na camada 0-10 cm, ao passo que, no LVd, de textura média, houve maior mobilidade vertical em profundidade.

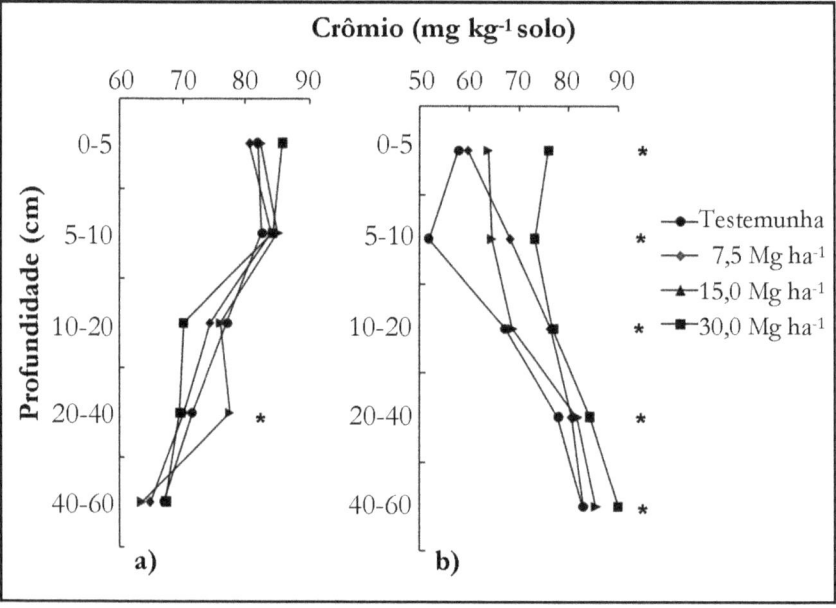

Figura 6. Crômio total (método USEPA, 1986) em Latossolo Vermelho eutroférrico (a) e Latossolo Vermelho distroférrico (b) tratados com lodo de esgoto por 3 aos consecutivos e cultivados com milho. * Efeito significativo de dose pelo teste Tukey a 5%.
Fonte: Melo (2002).

Cobre (Cu)

O cobre ocorre em todas as rochas da crosta terrestre (Tabela 6), de tal forma que o mesmo é encontrado em todos os tipos de solos.

O cobre possui grande habilidade em interagir quimicamente com componentes minerais e orgânicos do solo, podendo formar precipitados com alguns ânions, como sulfatos, carbonatos e hidróxidos (KABATA-PENDIAS; PENDIAS, 1992).

É considerado o mais imóvel dos elementos traços, sendo fortemente fixado pela matéria orgânica, por óxidos de Fe, Al e Mn e pelos minerais de argila (ADRIANO, 1986). Assim, sua distribuição característica no perfil do solo é o acúmulo no horizonte superficial, seguindo o modelo de distribuição da matéria orgânica. Assim, embora seja um elemento solúvel, portanto, potencialmente móvel e disponível para as plantas, com o risco de poluição das águas subterrâneas e da entrada na cadeia alimentar, tais riscos diminuem pela imobilização na matéria orgânica e óxidos de ferro, alumínio e manganês.

A contaminação do solo por cobre é resultante da utilização de agroquímicos que contêm este elemento como fertilizantes e agrotóxicos (caso da calda bordalesa e de outros fungicidas à base de cobre), resíduos municipais ou industriais e emissões industriais.

Em condições de campo, em dois latossolos que receberam doses anuais de lodo de esgoto (ETE- Barueri, SP) de 2,5; 5,0 e 10,0 t ha^{-1} (base seca) por 3 anos consecutivos e foram cultivados com milho, o Cu apresentou-se imóvel, como se pode observar pela Figura 7 (MELO, 2002). Apenas nas camadas 0-5 e 5-10 cm do Latossolo Vermelho distrófico (LVd) houve efeito de doses do resíduo, o que se justifica pelo fato de o mesmo ter sido incorporado na camada 0-10 cm. No LVef, a concentração de cobre manteve-se relativamente constante até a profundidade 0-40 cm, sofrendo acentuado decréscimo na camada 40-60 cm, enquanto no LVd já ocorreu queda acentuada na concentração a partir dos 10 cm de profundidade.

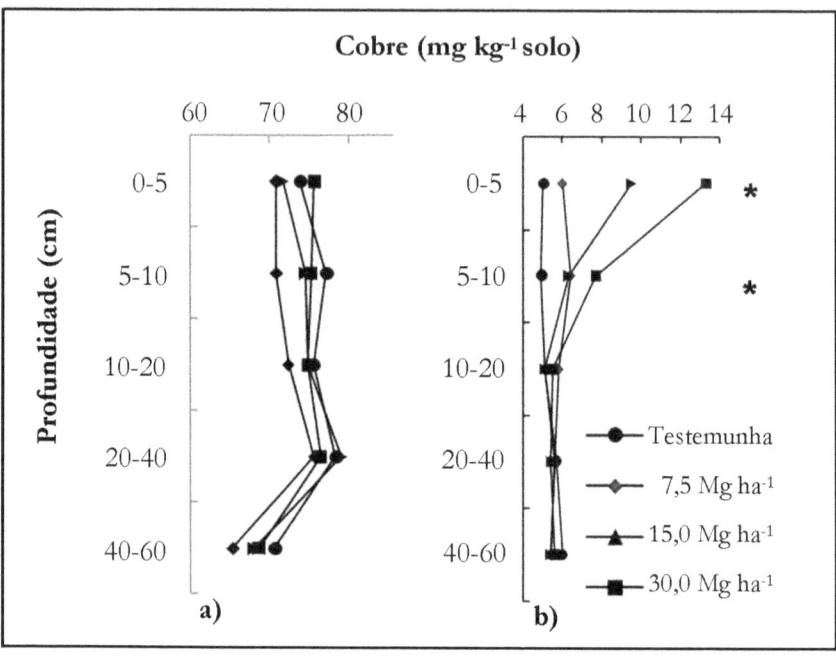

Figura 7. Cobre total (método USEPA, 1986) em Latossolo Vermelho eutroférrico (a) e Latossolo Vermelho distrófico (b) tratados com lodo de esgoto (ETE-Barueri) por 3 anos consecutivos e cultivados com milho. * Efeito significativo de dose, pelo teste Tukey a 5% de probabilidade.
Fonte: Melo (2002).

Selênio (Se)

O selênio é um elemento traço que se encontra com frequência na crosta terrestre, onde aparece em diversos níveis de oxidação: selenato $(SeO_4)^{2-}$, selenito $(SeO_3)^{2-}$, selênio elementar (Se^0) e seleneto (Se^{2-}). A forma elementar é rara. Aparece em maior quantidade em rochas ígneas, em depósitos hidrotermais, comumente associado a Hg, Au, Ag e Sb, e em rochas fosfatadas, sendo baixos os teores em rochas sedimentares. Combina-se tanto com metais como com não metais para formar compostos orgânicos e inorgânicos.

O selênio e seus compostos são utilizados em processos de reprodução xerográfica, na indústria de vidros (selenieto de cádmio, para produzir cor vermelho-rubi), como desgaseificante na indústria metalúrgica, como agente de vulcanização, como oxidante em certas reações e como catalisador em indústrias farmacêuticas. Na agricultura, o Se tem sido utilizado para o controle de alguns insetos, em várias aplicações elétricas e eletrônicas como em células solares e retificadores, como também tem sido empregado para intensificar e incrementar as faixas de tonalidades das fotografias em branco e preto e a durabilidade das imagens, assim como em xerografia. Também é adicionado aos aços inoxidáveis e utilizado como catalisador em reações de desidrogenação.

O seleniato de sódio é usado como inseticida, em medicina para o controle de enfermidades de animais e na fabricação de vidros para eliminar a coloração verde causada pelas impurezas de ferro.

O selenito de sódio é empregado na indústria do vidro e como aditivo para solos pobres em selênio. O selenito de amônio é usado na fabricação de vidros e esmaltes vermelhos.

Os sulfetos são usados em medicina veterinária e xampus anticaspa.

O dióxido de selênio é um catalisador para oxidação, hidrogenação e desidrogenação de compostos orgânicos.

A adição de selênio melhora a resistência ao desgaste da borracha vulcanizada.

Células fotoelétricas de selênio são utilizadas em fotômetros. Como produzem uma pequena quantidade de corrente elétrica ao receberem luz, dispensam o uso de pilhas ou baterias, ao contrário de fotômetros equipados com células fotoelétricas de silício ou sulfeto de cádmio (CdS).

No solo, é oriundo da intemperização da rocha de origem, de atividade vulcânica, da incorporação de resíduos (lodo de esgoto, composto de lixo urbano), da queima de combustíveis fósseis, alguns fertilizantes fosfatados e água contaminada. Em estudos com solos de diferentes regiões, o Se tem sido encontrado em uma faixa de concentração de 0,005 a 1.200 mg kg^{-1} (CASTEEL; BLODGETT, 2004). Solos com altas concentrações de Se geralmente são alcalinos e possuem carbonato de cálcio livre.

Em solos ácidos ou com pH próximo à neutralidade, o Se encontra-se predominantemente na forma de selenito, que pode estar ligado ao Fe ou formando complexos com a matéria orgânica. Em solos alcalinos e bem arejados, a forma predominate é o selenato, a mais absorvida pelas plantas (MALAVOLTA, 1980),

O enxofre e o selênio são antagônicos em relação à absorção pelas plantas, de tal modo que, em solos com aplicação continuada de fertiizantes, pode haver deficiência de Se nas plantas. Em alguns países, a deficiência de Se em pastagens tem sido resolvida pela aplicação de fertilizantes previamente adicionados do elemento.

Em estudo com 8 solos do Estado de São Paulo (2 Latossolos, 2 Argissolos, 1 Cambissolo, 1 Nitossolo, 1 Gleissolo e 1 Neossolo), Faria (2009) encontrou teor de Se variando de 10,4 μg kg^{-1} (Argissolo Amarelo distrófico abrúptico) a 79,7 μg kg^{-1} (Neossolo Quartzarênico distrófico), valores considerados baixos de acordo com a classificação de Millar (1983), que considera como adequado para a nutrição das plantas um valor de 500 μg kg^{-1}. Os valores obtidos estão abaixo dos limites de referência (0,25 mg kg^{-1}) e de alerta (5,0 mg kg^{-1}) adotados pela CETESB para solos do Estado de São Paulo (CASARINI et al., 2001).

Um atributo importante do solo relativo à capacidade de liberação de Se para absorção pelas plantas e para sua mobidade vertical em profundidade no perfil do solo é a capacidade de adsorção. Em estudo com amostras de 10 latossolos do Estado de São Paulo, Mouta et al. (2008) encontraram valores de adsorção máxima, estimados pelo modelo de Langmuir, variando de 185 mg kg^{-1} (Latossolo Vermelho-amarelo) a 2.245 mg kg^{-1} (Latossolo Amarelo).

Todavia, há ainda poucas informações sobre o comportamento do Se em solos brasileiros, principalmente para solos da região amazônica.

Bário (Ba)

O bário é um elemento químico tóxico, de aspecto prateado, com alto ponto de fusão, que pode ser obtido de minerais como a barita, na forma de sulfato de bário, e a viterita, como carbonato de bário. Não é encontrado na forma livre na natureza devido a sua elevada reatividade. Encontra-se no estado sólido à temperatura ambiente. A concentração de bário na crosta terrestre geralmente encontra-se entre 300 e 500 mg kg^{-1}.

Pode estar presente em pequenas quantidades em rochas ígneas (feldspatos, micas) e como componente natural de combustíveis fósseis. É emitido para a atmosfera principalmente pelos processos industriais envolvidos na mineração, refino e produção de bário e de produtos químicos à base de bário e como resultado da combustão do carvão e do petróleo.

Os compostos de bário são usados na produção de tintas e vidros, em fogos de artifício, velas de ignição, tubos de vácuo, lâmpadas fluorescentes e em exames clínicos. O sulfato de bário tem uma aplicação como contraste em diagnósticos por raios-X (radiografias de estômago e intestino), procedimento que não apresenta perigo à saúde, uma vez que este sal é insolúvel, ou seja, não é absorvido pelo organismo. O sulfato de bário também é usado como pigmento branco em pinturas. A barita é usada extensivamente em fluidos para a perfuração de poços de petróleo e na produção da borracha. O carbonato de bário é usado como veneno para ratos e também pode ser usado para a fabricação de vidros e tijolos. O nitrato de bário e o cloreto de bário produzem chamas verdes em fogos de artifício.

A legislação brasileira, regulamentando a aplicação de lodo de esgoto na agricultura (CONAMA, 2006), incluiu o Ba como um dos elementos traços a serem considerados para este tipo de uso, estabelecendo que o resíduo não pode conter mais que 1.300 mg kg^{-1} (base seca) para este tipo de disposição, e que a dose acumulada máxima por adições sucessivas não deve ultrapassar 265 kg ha^{-1}. Para consumo humano, a legislação brasileira (CONAMA, 2005) admite um valor máximo de 1 mg L^{-1} (água doce classe 3). Para solo, a CETESB, órgão ambiental do Estado de São Paulo, considera os valores de 75 mg kg^{-1} como valor de referência, 150 mg kg^{-1} como valor de alerta e 300 mg kg^{-1} como valor de intervenção para solos agrícolas (CASARINI et al., 2001).

A mobilidade do Ba no solo é baixa devido à formação de sais insolúveis em água e da incapacidade de formar complexos solúveis com os ácidos húmicos e fúlvicos. Contudo, sob condições ácidas, alguns dos compostos insolúveis de bário podem se tornar solúveis e se mover para as camadas mais profundas do solo e mesmo atingir águas subterrâneas.

Em experimento de nove anos, com aplicações anuais de lodo de esgoto nas doses 5, 10 e 29 t ha^{-1} (base seca) em dois Latossolos (um arenoso e outro argiloso), Nogueira et al. (2010) observaram que o resíduo causou aumento no teor de bário no solo e nas diferentes partes da planta de milho, mas o teor no grão manteve-se abaixo do nível considerado tóxico para consumo humano.

Expectativa de impacto do uso de resíduos

Mesmo informações básicas sobre propriedades do solo são de fundamental importância para o entendimento ou uma inferência sobre o possível comportamento dos elementos traços no solo, como teor e qualidade dos minerais de argila, teor e qualidade da matéria orgânica, mineralogia dos argilo-minerais e minerais acessórios, como óxidos de ferro, manganês e alumínio.

O impacto da adição de resíduos em áreas agrícolas depende da qualidade do resíduo, das condições edafoclimáticas da região, da forma como o resíduo é armazenado e aplicado no solo, bem como da localização da área que recebe o resíduo.

A composição química do lodo de esgoto varia em função do local de origem do esgoto, ou seja, se de uma área tipicamente residencial, tipicamente industrial ou mista, da época do ano, do nível socioeconômico da comunidade (MELO et al., 2001). Varia, também, em função do processo de tratamento utilizado na ETE.

Apesar de seu conteúdo em matéria orgânica, nitrogênio, fósforo e outros nutrientes das plantas, que sabidamente têm melhorado as propriedades físicas, químicas e biológicas do solo, podendo substituir, pelo menos em parte, a fertilização mineral (MELO et al., 2001), o uso agrícola do LE tem merecido preocupação dos órgãos ambientais pelo potencial poluidor atribuído aos elevados teores de nitrogênio e fósforo, à possibilidade de conter elevados teores de elementos traços e também à possível presença de organismos patogênicos como *Salmonella*, vírus, coliformes fecais termorresistentes, ovos de helmintos.

O lodo de esgoto proveniente do tratamento de esgotos predominantemente domésticos tende a apresentar baixos teores de elementos traços como Cd, Cu, Mo, Ni, Zn, Pb, Se, Cr, Ba e Hg.

O lodo de esgoto oriundo do tratamento de esgoto coletados em áreas residenciais, por outro lado, pode ser rico em agentes causadores de doenças (TSUTIYA, 2002).

Todas estas informações devem ser consideradas no manejo da aplicação dos resíduos em solos, como forma de minimizar qualquer efeito negativo, sem perder de vista o potencial agrícola que muitos destes resíduos podem apresentar.

Referências

ABIA. Associação Brasileira das Indústrias da Alimentação. Compêndio da legislação de alimentos. 6. rev. São Paulo: ABIA, 1996. v.1e1/A.

ADRIANO, D. C. Trace elements in the terrestrial environment. New York: Springer-Verlag, 1986. 147 p.

AMARAL SOBRINHO, N. M. B.; VELLOSO, A. C. X.; OLIVEIRA, C. Mobilidade de metais pesados em solo tratado com resíduo siderúrgico ácido. Revista Brasileira de Ciência do Solo, v. 22, p. 345-353, 1998.

ANJOS, A. R. M.; MATTIAZZO, M. E. Extratores para Cd, Cu, Cr, Mn, Ni, Pb e Zn em latossolos tratados com biossólido e cultivados com milho. Scientia Agricola, v. 58, n. 2, p. 337-344, 2001.

AUBERT, H.; PINTA, M. Trace elements in soils. Amsterdan: Elsevier Scientific Publ., Co., 1977. 395 p.

BARRIQUELO, M. F., JULIATTI, M. A., SILVA, M. S., LENZI, E. Lead behavior in soil treated with contaminated sewage sludge and cultivated with maize. Brazilian Archives of Biology and Technology, v. 46, n. 4, p. 499-505, 2003.

BELLINGER, D.; SCHWARTZ, J. Effects of lead in children and adults. In: STEELAND, K.; SCHWARTZ, J. (Ed.). Topics in environmental epidemiology. New York: Oxford University Press, 1997. p. 314-349.

CAMARGO, O. A.; ROVERS, H.; VALADARES, J. M. A. S. Adsorção de níquel em Latossolos paulistas. Revista Brasileira de Ciência do Solo, v. 13, p. 125-129, 1989.

CAMPOS, M. L.; PIERANGELI, M. A. P.; GUILHERME, L. R. G.; CURI, N. Baseline concentration of heavy metals in Brazilian latosols. Communications in Soil Science and Plant Analysis, v. 34, p. 547-557, 2003.

CASARINI, D. C .P. et al.Relatório de estabelecimento de valores orientadores para solos e águas subterrâneas no Estado de São Paulo. São Paulo: CETESB, 2001. 73 p.

CASTEEL, S. W.; BLODGETT, D. J. Selenium. metals and minerals. In: PLUMLEE, K. H..Clinical veterinary toxicology. Missouri: Mosby Incorporation St. Louis, 2004. p. 214-217.

CASTILHOS, D. D.; VIDOR, C.; CASTILHOS, R. M. V. Atividade microbiana em solo suprido com lodo de curtume e cromo hexavalente. Revista Brasileira de Agrociência, v. 6, n. 1, p. 71-76, 2000.

CETESB. Companhia de Tecnologia de Saneamento Ambiental. Aplicação de lodos de sistemas de tratamento biológico em áreas agrícolas: critérios para projeto e aplicação. São Paulo: CETESB, 1999. 4230 p. (Manual Técnico).

CHANG, A. C.; WARNEKE, J. E.; PAGE, A. L.; LUND, L. J. Accumulation of heavy metals in sewage sludge-treated soils. Journal of Environmental Quality, v. 13, n. 1, p. 87-90, 1984.

CONAMA. Conselho Nacional de Meio Ambiente. Resolução n° 375 de 29 de agosto de 2006. Brasília: Diário Oficial da União, 30 ago. 2006.

CONAMA. Conselho Nacional de Meio Ambiente. Resolução n° 357 de 29 de agosto de 2006. Brasília: Diário Oficial da União, 30 de ago. 2006.

CONAMA. Conselho Nacional de Meio Ambiente. Resolução nº 357 de 17 de março de 2005. Brasília: Diário Oficial da União,18 mar. 2005.

CURI, N.; FRANZMEYER, D. P. Effect of parent rocks on chemical and mineralogical properties of some Oxisols in Brazil. Soil Science Society of America Journal, v. 51, p. 153-158, 1987.

DAKUZAKU, C. S.; FRESCHI, G. P. G.; MORAES, M. Influence of $Pd(NO_3)_2$, $Mg(NO_3)_2$, and $Ni(NO_3)_2$ on thermal behavior of As in sugar by graphite furnace atomic absorption spectrometry. Eclética Química, v. 26, 2001.

DIAS, N. M. P.; ALLEONI, L. R. F.; CASAGRANDE, J. C.; CAMARGO, O. A. Adsorção de cádmio em dois Latossolos ácricos e um Nitossolo. Revista Brasileira de Ciência do Solo, v. 25, p. 297-304, 2001.

FARIA, L. A. Levantamento sobre selênio em solos e plantas do Estado de São Paulo e sua aplicação em plantas forrageiras. Dissertação de Mestrado, Universidade de São Paulo, Faculdade de Zootecnia e Engenharia de Alimentos, Pirassununga, 2009, 57p.

FILIUS A., STRECK, T., RICHTER, J. Cadmium adsorption and desorption in limed topsoil as influenced by pH: isotherms and simulated leaching. Journal Environmental Quality, v. 27, n. 1, p. 12-18, 1998.

GACEK, F.; FALEIROS, R. R. S.; MELO, W. J. Determinação do valor calórico dos alimentos: método químico. Jaboticabal: FCAV/UNESP, 1976. 2 p.

GIACOMINI, P. Contaminazione da arsenico in suoli del Bangladesh. Tese de Doutorado, Università degli Studi di Torino Torino, 2005.

GRAY, C. W.; McLAREN, R. G.; ROBERTS, A. H. C.; CONDRON, L. M. Sorption of cadmium from some New Zealand soils: effect of pH and contact time. Australian Journal of Soil Research, v. 36, n. 2, p. 199-216, 1998.

TEIXEIRA et al.

GUILHERME, L. R. G.; LIMA, J. M.; ANDERSON, S. J. Efeito do fósforo na adsorção de cobre nos horizontes A e B de Latossolos do Estado de Minas Gerais. CONGRESSO BRASILEIRO DE CIÊNCIA DO SOLO, 25, Viçosa, MG, 1995. Resumos... Viçosa, MG: SBCS, 1995. p. 316-318.

JECFA. Joint Fao/Who Expert Committee on Food Additives. Evaluation of certain food additives and contaminants. Geneva: World Health Organization, 1993. (WHO Technical report series, 837).

JULIATTI, M. A.; PRADO, R. M.; BARRIQUELO, M. F.; LENZI, E. Cádmio em Latossolo Vermelho cultivado com milho em colunas: mobilidade e biodisponibilidade. Revista Brasileira de Ciência do Solo, v. 26, p. 1075-1081, 2002.

KABATA-PENDIAS, A.; PENDIAS, H. Trace elements in soil and plants. 4. ed. Boca Raton: CRC Press, 2000. 331 p.

KABATA-PENDIAS, A.; PENDIAS, H. Trace elements in soils and plants. Florida: CRC Press, 1992. 365p.

KER, J. C. Mineralogia, sorção e dessorção de fosfato, magnetização e elementos traços de latossolos do Brasil. Tese de Doutorado, Universidade Federal de Viçosa, Viçosa, MG, 1995. 181 p.

LADEIRA, A. C. Q.; CIMINELLI, V. S. T.; NEPOMUCENO, A. L. Seleção de solos para a imobilização de arsênio. Revista Escola de Minas, v. 55, n. 3, p. :215-221, 2002.

LAZO, R. A. Nitrogênio, arsênio, bário e estado nutricional de plantas de milho cultivadas em latossolos tratados com lodo de esgoto. Tese de Doutorado, Universidade Estadual Paulista Jaboticabal, 2010. 97 p.

LEMOS, V. P.; COSTA, M. L.; GURJÃO, R. S.; KERN, D. C.; MESCOUTO, C. S. T.; LIMA, W. T. S.; VALENTIM, T. L. Comportamento do arsênio em perfis de solos do Sítio Ilha de Terra-

136

Caxiuanã (Pará). Revista Escola de Minas, v. 62, n. 2, p. 139-146, 2009.

LI, Z.; SHUMAN, L.M. Heavy metal movement in metal-contaminated soil profiles. Soil Science, v. 161, p. 656-666, 1996.

MALAVOLTA, E.; MORAES, M. F. Nickel: form toxic to essential nutrient. Better Crops, v. 91, n. 3, p. 26-28, 2007.

MALAVOLTA, E. Elementos de nutrição mineral de plantas. Piracicaba: Editora Agronômica Ceres, 1980. p. 211-212.

MALAVOLTA, E. Fertilizantes e seu impacto ambiental: micronutrientes e metais pesados, mitos, mistificação e fatos. São Paulo: Produquímica, 1994. p. 40-62.

MARCHIORI JÚNIOR, M. Impacto ambiental da citricultura nos teores de metais pesados em solos do Estado de São Paulo. Tese de Doutorado, Universidade Estadual Paulista Júlio de Mesquita Filho, Faculdade de Ciências Agrárias e Veterinárias, Jaboticabal, 2002, 83 p.

MARQUES, J. J. G. S. M., CURI, N., SCHULZE, D. G. Trace elements in Cerrado soils. In: ALVAREZ, V. V. H..; SCHAEFER, C. E. G. R.; BARROS, N. F. de; MELLO, J. W. V. de; COSTA, L. M. da. (Org.) Tópicos em Ciência do Solo, v. 2, Viçosa, 2002. p. 103-142.

MATOS, W. O.; NÓBREGA, J. A. Especiação redox de cromo em solo acidentalmente contaminado com solução sulfocrômica. Química Nova, v. 31, n. 6, p. 1450-1454, 2008.

MATTIAZZO, M. E.; BERTON, R. S.; CRUZ, M. C. P. Disponibilidade e avaliação de metais pesados potencialmente tóxicos. In: FERREIRA, M. E.; CRUZ, M. C. P. da; van RAIJ, B.; ABREU, C. A. de (Ed.). Micronutrientes e elementos tóxicos na agricultura. Jaboticabal: CNPq/FAPESP/POTAFOS, 2001. p. 213-234.

McBRIDE, M. B. Reactions controlling heavy metal solubility in soils. Advances in Soil Science, v. 10, p. 1-56, 1989.

McBRIDE, M. B. Retention of Cu^{2+}, Ca^{2+}, Mg^{2+} and Mn^{2+} by amorphus alumina. Soil Science Society of America Journal, v. 42, p. 27-31, 1978.

MELO, V. P. Propriedades químicas e disponibilidade de metais pesados para a cultura de milho em dois latossolos que receberam adição de lodo de esgoto. Dissertação de Mestrado, Universidade Estadual Paulista Júlio de Mesquita Filho, Faculdade de Ciências Agrárias e Veterinárias, Jaboticabal, 2002, 134 p.

MELO, W. J.; AGUIAR, P. S.; MELO, G. M. P.; MELO, V. P. Nickel in a tropical soil treated with sewage sludge and cropped with maize in a long-term field study. Soil Biology & Biochemistry, v. 39, p. 1341-1347, 2007.

MELO, W. J.; MARQUES, M. O.; MELO, V. P.; CINTRA, A. A. D. Uso de resíduos em hortaliças e impacto ambiental. Horticultura Brasileira, v. 18, p. 67-82, 2000.

MELO, W. J., MELO, V. P., MELO, G.M.P. Grain production and lead content in sorghum plants cropped in a soil contaminated with lead. In: INTERNATIONAL CONFERENCE ON THE BIOGEOCHEMISTRY OF TRACE ELEMENTS, 6, Guelph, Ontario, Canadá, 2001, Proceedings... p. 424 (CD ROM).

MOUTA, E. R.; MELO, W. J.; SOARES, M. R.; ALLEONI, L. R. F.; CASAGRANDE, J. C. Adsorção de selênio em latossolos. Revista Brasileira de Ciência do Solo, v. 32, p. 1033-1041, 2008.

NEVES, A. A. O.; ANDRADE, M. G.; LIMA, A. S. T.; MELO, W. J.; MELO, G. M. P. Influência da aplicação de lodo de esgoto na intensidade de doenças foliares na cultura do milho. In: CONGRESSO NACIONAL DE MILHO E SORGO, 28, Goiânia, GO, 2010, Resumos... Sete Lagoas, MG: ABMS, 2010. (CD ROM).

NOGUEIRA, T. A. R.; MELO, W. J.; FONSECA, I. M.; MARQUES, M. O.; HE, Z. Barium uptake by maize plants as affected by sewage sludge in a long-term field study. Journal of Hazardous Materials, v. 181, p. 1148-1157, 2010.

OLIVEIRA, F. C. Metais pesados e formas nitrogenadas em solos tratados com LE. Tese de Doutorado, Universidade de São Paulo, Escola Superior de Agricultura Luiz de Queiroz, Piracicaba, 1995. 90 p.

OLIVEIRA, R. C. Avaliação do movimento de cádmio, chumbo e zinco em solo tratado com resíduo-calcário. Dissertação de Mestrado, Universidade Federal de Lavras, Lavras, 2002, 84 p.

OLIVEIRA, R. C.; CAMPOS, M. L.; SILVEIRA, M. L. A.; GUILHERME, L. R. G.; MARQUES, J. J. G. S. M.; CURI, N. Arsênio em solos do cerrado. In: FERTBIO, 25, Rio de Janeiro, 2002, Anais... Rio de Janeiro: UFRRJ/SBCS/SBM, 2002. (CD ROM).

PAOLIELLO, M. M. B.; CHASIN, A. A. M. Ecotoxicologia do chumbo e seus compostos. Salvador, BA: Centro de Recursos Ambientais, 2001. 144 p. (Cadernos de Referência Ambiental, 3).

PIERANGELI, M. A. P.; GUILHERME, L. R. G.; CURI, N.; SILVA, M. L. N.; OLIVEIRA, L. R.; LIMA, J. M. Efeito do pH na adsorção-desorção de chumbo em latossolos brasileiros. Revista Brasileira de Ciência do Solo, v. 25, n. 2, p. 269-277, 2001a.

PIERANGELI, M. A. P.; GUILHERME, L. R. G.; OLIVEIRA, L. R.; CURI, N.; SILVA, M. L. N. Efeito da força iônica da solução de equilíbrio sobre a adsorção e dessorção de chumbo em latossolos brasileiros. Pesquisa Agropecuária Brasileira, v. 36, p. 1077-1084, 2001b.

PIRES, A. M. M. Ácidos orgânicos da rizosfera: aspectos qualitativos e quantitativos e fitodisponibilidade de metais pesados originários de biossólidos. Tese de Doutorado, Universidade de São Paulo, Escola Superior de Agricultura Luiz de Queiroz, Piracicaba, 2003, 94 p.

PRADO, R. M.; JULIATTI, M. A. Lixiviação de cádmio em profundidade em coluna com Latossolo Vermelho e Nitossolo. Revista de Agricultura, v. 78, n. 2, p. 219-228, 2003.

REIS, T. C. Distribuição e biodisponibilidade do níquel aplicado ao solo como $NiCl_2$ e LE. Tese de Doutorado, Universidade de São Paulo, Escola Superior de Agricultura Luiz de Quieroz, Piracicaba, 2002, 118 p.

RESENDE, M.; CURI, N.; RESENDE, S. B.; CORREIA, G. F. Pedologia: base para distinção de ambientes. 2. ed., Viçosa, MG: NEPUT, 1997. 367 p.

REVOREDO, M. D.; MELO, W. J. Nickel in the humic substances of a soil after application of sewage sludge contaminated with increasing rates of the metal and cultivation with sorghum. In: INTERNATIONAL MEETING OF THE INTERNATIONAL HUMIC SUBSTANCES SOCIETY, 12,. Águas de São Pedro, SP, Brasil, 2004.

REVOREDO, M. D.; MELO, W. J.; BRAZ, L. T.; CINTRA, A. A. D. Extração seqüencial de cobre em um Latossolo adubado com compostos à base de biossólido e cultivado com tomateiro. In: ENCONTRO CIENTÍFICO DE PÓS-GRADUAÇÃO DA FCAV/UNESP, 4, Jaboticabal, SP, 2004.

RIBEIRO FILHO, M. R.; CURI, N.; SIQUEIRA, J. O.; MOTTA, P. E. F. Metais pesados em solos de área de rejeitos de indústria de processamento de zinco. Revista Brasileira de Ciência do Solo, v. 23, n. 2, p. 453- 464, 1999.

ROVERS, H.; CAMARGO, O. A.; VALADARES, J. M. A. S. Níquel total e solúvel em DTPA em solos do Estado de São Paulo. Revista Brasileira de Ciência do Solo, v. 2, p. 217-220, 1983.

SADIQ, M.; ZAIDA, T. H.; MIAN, A. A. Environmental behavior of arsenic in soils: theoretical. Water Air Soil Pollution, v. 20, p.369- 377, 1983.

SATO, H. Nickel content of basaltic magma: identification of primary magmas and measure of the degree of olivine fractionation. Lithos, v. 10, p. 113-120, 1977.

SELBACH, P. A.; TEDESCO, M. J.; GIANELLO, C.; CAVALLET, L. E. Descarte e biodegradação de lodo de curtume no solo. Revista do Couro, v. 4, p. 51-62, 1991.

SHEPPARD, M. L.; THIBAULT, D. H. Desorption and extraction of selected heavy metals from soils. Soil Science Society of America Journal, v. 56, n. 2, p. 415-423, 1992.

SILVA, F. C. Uso agronômico do LE. Efeitos em fertilidade do solo e qualidade da cana-de-açúcar. Tese de Doutorado, Universidade de São Paulo, Escola Superior de Agricultura Luiz de Queiroz, Piracicaba, 1995, 159 p.

SILVA, F. C.; SILVA, C. A.; BERGAMASCO, A. F.; RAMALHO, A. L. Efeito do período de incubação e de doses de composto de lixo urbano na disponibilidade de metais pesados em diferentes solos. Pesquisa Agropecuária Brasileira, v. 38, n. 3, p. 403-412, 2003.

TRAINA, S. J.; LAPERCHE, V. Contaminant bioavailability in soils, sediments, and aquatic environments. Proceeding National Academic Science of the State of America, v. 96, p. 3365-3371, 1999.

TSUTIYA, M. T. Características de biossólidos gerados em Estações de Tratamento de Esgotos. In: TSUTIYA, M. T.; COMPARINI; J. B.; SOBRINHO, P. A.; HESPANHOL, I. (Ed.). Biossólidos na Agricultura. 2 ed. São Paulo: ABES, 2002. p. 89-131.

USEPA. United States Environmental Protection Agency. The method for evaluating solid waste. Report Number SW-840, Washington, DC, 1986.

VENEZUELA, T.C. Determinação de contaminantes metálicos (metal tóxico) num solo adubado com composto de lixo em área olerícola no Município de Nova Friburgo. Dissertação de Mestrado, Escola Nacional de Saúde Pública da Fundação Oswaldo Cruz, Rio de Janeiro, 2001, 78 p.

WADT, P. G. S. Manejo de solos ácidos do Estado do Acre. Rio Branco: Embrapa-Acre, 2002. 28 p. (Documentos, 79).

WHO. World Health Organization. IPCS. Environmental health criteria 85 - lead - environmental aspects. Geneva, 1989. p. 106.

CAPÍTULO V

Legislação Ambiental: Normas Brasileiras para Resíduos

Luís Pedro de Melo Plese

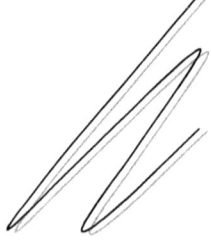

N a atualidade o planeta está sujeito a intensas modificações face à crescente demanda da sociedade moderna por bens e serviços, o que leva a um aumento da produção de resíduos.

Várias nações estão preocupadas com os impactos decorrentes da quantidade de resíduos gerados pela população. A União Européia e os Estados Unidos, responsáveis pela criação de diversas medidas, normatizaram a utilização de resíduos e as mesmas têm sido adaptadas para outros países.

O Brasil vem implantando várias leis e decretos para a melhor disposição dos resíduos no meio ambiente. A aprovação da Lei n° 12.305/2010, que institui a Política Nacional de Resíduos Sólidos (PNRS), após longos vinte e um anos de discussões no Congresso Nacional marcou o início de uma forte articulação institucional envolvendo os três entes federados, União, Estados e Municípios, o setor produtivo e a sociedade civil na busca de soluções para os graves problemas causados pelos resíduos, que vem comprometendo a qualidade de vida dos brasileiros (PNRS, 2011).

A PNRS estabelece princípios, objetivos, diretrizes, metas e ações, e importantes instrumentos, tais como o Plano Nacional de Resíduos Sólidos, que está em processo de construção e contemplará os diversos tipos de resíduos gerados, alternativas de gestão e projetos e ações correspondentes, gerenciamento passíveis de implementação, bem como metas para diferentes cenários, programas. O plano mantém estreita relação com os Planos Nacionais de Mudanças do Clima (PNMC), de Recursos Hídricos (PNRH), de Saneamento Básico (Plansab) e de Produção e Consumo da economia compatibilizando crescimento Sustentável (PPCS). Apresenta conceitos e propostas que refletem a interface entre diversos compatibilizando crescimento econômico preservação ambiental e desenvolvimento sustentável (PNRS, 2011).

Ainda no tocante a proteção do meio ambiente têm-se o Código das Aguas (Decreto n° 24.643/1934) (BRASIL, 2003a); o Código Florestal (Lei n° 4.771/1965) (BRASIL, 2004a), a Lei de Crimes Ambientais (Lei n° 9.605/1998), que dispõe sobre as sanções penais e administrativas derivadas de condutas e atividades lesivas ao meio ambiente (BRASIL, 2003b); a Resolução do CNRH n°15/2001, que dá as diretrizes para a gestão integrada das águas superficiais, subterrâneas e meteóricas (BRASIL, 2001a); a Portaria do Ministério da Saúde n° 2.914/2011 (BRASIL, 2011), que dispõe sobre os procedimentos de controle e de vigilância da qualidade da água para consumo humano e seu padrão de potabilidade e revoga A Portaria n° 518/2004 (BRASIL, 2004b); Lei n° 7.960/1989, que dispõe sobre a prisão temporária para crime de envenenamento de água potável, dentre outros (BRASIL, 1989); o Decreto-lei n° 1.413/1975, que dispõe sobre o controle da poluição do meio ambiente provocada por atividades industriais (BRASIL, 1975a); a Portaria do Ministério do Interior n° 124/1980, que baixa norma no tocante à prevenção de poluição hídrica, para a localização de indústrias, construções ou estruturas potencialmente poluidoras e para dispositivos de proteção (BRASIL, 1980a); e a Resolução do CONAMA n° 357/2005, que dispõe sobre a classificação dos corpos de água e diretrizes ambientais para o seu enquadramento, e estabelece, ainda, condições e padrões de lançamento de efluentes e dá outras providências (BRASIL, 2005).

Quanto ao uso agrícola dos resíduos destaca-se a Resolução do CONAMA n° 375/2006, que define critérios e procedimentos para o uso agrícola de lodos de esgoto gerados em estações de tratamento de esgoto sanitário e seus produtos derivados.

Uma vez que o uso agrícola de lodo de esgoto envolve a adição de nutrientes e matéria orgânica ao solo, o Ministério da Agricultura, Pecuária e Abastecimento (MAPA) incluiu lodo de esgoto na Instrução Normativa (IN n° 15/2004, em resposta ao Decreto n° 4954) que regulamenta o registro de fertilizantes orgânicos.

Devido à diversidade de resíduos atualmente produzidos no Brasil, observa-se que o país apresenta leis que abrangem determinados tipos de resíduos tanto em nível estadual como federal, com especificações claras e concisas da utilização dos mesmos como a disposição do produto no ambiente. No presente capítulo será dada ênfase ao lodo de esgoto, composto de lixo, resíduos madeireiros e resíduos de agroindústria, que são mais frequentes na Amazônia Sul Ocidental.

Legislação para composto de lixo

O composto de lixo ou composto de resíduos sólidos urbanos é um resíduo de composição predominantemente orgânica, resultante de processos de decomposição aeróbia e termofílica da fração orgânica do lixo doméstico por comunidades microbianas quimiorganotróficas existentes no próprio lixo, transformando-se, então, em fertilizantes orgânicos (ABREU JUNIOR et al., 2005).

Pires (2006a) destaca que os riscos devido ao uso agrícola do composto estão relacionados, principalmente, com compostos de lixo cuja matéria prima é de má qualidade e aos processos de compostagem mal conduzidos. Outro problema são os metais pesados, que uma vez adicionados ao solo, podem entrar na cadeia alimentar ou acumular-se no próprio solo, no ar, nas águas superficiais, nos sedimentos e nas águas subterrâneas, além de poderem apresentar efeitos fitotóxicos. A concentração de metais pesados nos compostos de lixo pode ser variável em função do material de origem.

Países como os Estados Unidos e a Comunidade Européia já apresentam regulamento que controlam a presença de metais pesados nos compostos de lixo, estabelecendo limites máximos dos elementos para que o composto possa ser aplicado na agricultura (GROSSI, 1993), conforme pode ser observado na Tabela 1.

Tabela 1. Limites máximos para concentração de metais pesados nos compostos de lixo adotados por alguns países da Europa para o uso agrícola com base no material seco

Países	Cd	Cr	Cu	Hg	Ni	Pb	Zn
				$mg\ kg^{-1}$ de matéria seca			
Áustria	6	300	1.000	4	200	900	1.500
Itália	10	500	600	10	200	500	2.500
Holanda	5	500	600	5	100	600	2.000
Bélgica	5	150-200	100-500	5	50-100	600-1.000	1.000-1.500

Fonte: Raij et al. (1996).

Legislação para lodo de esgoto

Lodo de esgoto é um resíduo semi-sólido resultante do tratamento dos esgotos ou de águas servidas cuja composição, predominantemente orgânica, varia em função da sua origem, do sistema de tratamento do esgoto e do próprio lodo dentro das estações .

O lodo de esgoto apresenta compostos orgânicos e minerais, e segundo o MAPA é classificado como fertilizante orgânico mediante a Instrução Normativa n° 15/2004 (BRASIL, 2004c) em resposta ao Decreto 4.954/2004 (BRASIL, 2004). Como também, na Instrução Normativa n° 27/2006 em Anexo V, define o limite máximo de contaminante que o fertilizante orgânico pode apresentar (BRASIL, 2006a). Com relação à utilização do lodo de esgoto, no Brasil, o Ministério do Meio Ambiente apresenta parâmetros para aplicação do resíduo com potencial agrícola e florestal, por meio da Resolução n° 380/2006 (CONAMA, 2006b), visando ratificar a resolução n° 375/2006, na qual define critérios e procedimentos, para o uso agrícola de lodos de esgoto gerados em estações de tratamento de esgoto sanitário e seus produtos derivados, e dá outras providências (BRASIL, 2006c). Nessa resolução são detalhados os índices de metais pesados permitidos para a aplicação no solo, como pode ser observado na Tabela 2 e os teores aceitáveis de patógenos presentes nas amostras de resíduo (Tabela 3).

Tabela 2. Concentração máxima de substâncias inorgânicas permitida no lodo de esgoto ou produto derivado destinado à agricultura

Órgãos do governo	As	Ba	Cd	Pb	Cu	Cr	Hg	Mo	Zn	Se
	mg kg^{-1} matéria seca									
CONAMA	41	1.300	39	300	1.500	1.000	17	50	2.800	100
CETESB	75	-	85	840	4.300	-	57	75	7.500	-
DF	20	-	26	500	-	-	-	-	3.000	50
PR	41	1.300	39	300	1.500	1.000	50	50	2.800	100

Fonte: Fernandes e Andreoli (1997); CETESB (1999a); BRASIL (2006a).

Tabela 3. Número de patógenos para classe A de lodo de esgoto ou produto derivado destinado à agricultura

Órgãos do governo	Coliforme termotolerante[1]	Helminto [2]	Salmonela [3]	Vírus [4]	Cisto de protozoário[5]
CONAMA	<10^3	0,25	10	0,25	-
CETESB	<$2x10^6$	-	4	-	-
DF	-	-	-	-	<1/4
PR	<10^3	0,25	10	0,25	-

Unidades de medida: [1] número mais provável g^{-1} de sólidos totais; [2] número de ovos viáveis g^{-1} de sólidos totais; [3] g de sólidos totais; [4] unidade formadora de foco ou unidade formadora de placa g^{-1} de sólidos totais; [5] g de sólidos totais. Fonte: Fernandes e Andreoli (1997); CETESB (1999a); BRASIL (2006a).

Existem poucos Estados que possuem legislação própria. O Estado de São Paulo possui legislação específica para a utilização do lodo de esgoto. O órgão do governo responsável pelo controle, fiscalização, monitoramento e licenciamento de atividades geradoras de poluição é a CETESB, a qual editou um manual técnico (CETESB, 1999a) no qual descreve desde o tratamento do resíduo até a aplicação no solo. Outro parâmetro utilizado é a Lei Estadual nº 997/1976, que dispõe sobre o controle da poluição do meio ambiente (SÃO PAULO, 1976), juntamente com a lei Estadual nº 7.750/1992, que trata sobre a política de saneamento, e de outras providências (SÃO PAULO, 1992).

No Estado do Paraná também existe também um órgão com função semelhante, o Instituto Ambiental do Paraná (IAP). Dentre as suas principais atividades está a proteção da qualidade ambiental. Uma das normativas do IAP estabelece critérios para a utilização agrícola do lodo de esgoto, caracterizando as áreas aptas a receber o produto como também critérios de qualidade relacionados ao mesmo. A Companhia de Saneamento do Paraná (SANEPAR), também atua nesse contexto, e desenvolveu um manual técnico para utilização do lodo de esgoto no Paraná (FERNANDES; ANDREOLI, 1997).

Os estudos sobre os efeitos da aplicação de lodo de esgoto aos solos agrícolas nas condições edafo-climáticas brasileiras, em longo prazo, ainda são incipientes para servir como base para uma norma nacional (PIRES, 2006b). Entretanto, como o uso agrícola do lodo de esgoto já é uma prática utilizada em algumas regiões do país, a falta de regulamentação poderia resultar em danos ambientais graves. Fato esse que justifica a normatização com base em resultados preliminares e normas de outros países. Portanto, as regulamentações existentes no país ainda encontram-se num estágio inicial, devendo ser revisadas de acordo com o avanço do conhecimento sobre o tema. Esse foi o caminho seguido por outros países. Países como os Estados Unidos utilizam parâmetros para a utilização agrícola do lodo de esgoto, como pode ser observado na Tabela 4 (EPA, 1995; RAIJ et al., 1996).

Tabela 4. Concentração de metais pesados nos lodos de esgotos adotados pelos Estados Unidos, Canadá, Austrália e alguns países da Europa

Países	Elementos										
	As	Cd	Cr	Co	Cu	Pb	Hg	Ni	Mo	Se	Zn
					mg kg^{-1}						
Austrália[1]	20	3	100	-	100	150	1	60	-	3	200
Austrália[2]	60	20	500	-	2.500	420	15	270	-	50	2.500
CE[3]	-	20	-	-	1.000	750	16	300	-	-	2.500-4.000
Itália	-	20	-	-	100	750	10	300	-	-	2.500
Suíça	-	5	500	60	600	500	5	80	20	-	2.000
Alemanha	-	15	900	-	800	900	8	200	-	-	2.500
Suécia	-	15	1.000	-	3.000	300	8	500	-	-	10.000
EUA	41	39	-	-	1.500	300	17	420	-	100	2.800

[1]Lodo classificado como A da região do oeste da Austrália; [2]Lodo classificado como B da região do oeste da Austrália; [3] Comunidade Europeia. Fonte: EPA (1995); Raij et al. (1996); Davies (2002).

Na Comunidade Europeia (CE) o processo é bem regulamentado, embora exista ainda controvérsia, principalmente na diretriz do lodo de 1986 (DIRECTIVE, 1986). O principal objetivo da diretriz é o controle de metais pesados, que é um contaminante. A regulamentação do controle do produto é focada para o potencial de impacto ambiental na adição no solo em imediata aplicação e seus efeitos acumulativos. Na CE, acima de 40% de todo o resíduo de biossólido é reciclado na agricultura, variando de país para país. Como exemplo pode-se citar a Espanha, França, Reino Unido e Dinamarca onde mais de 50% do que é produzido é reciclado na agricultura.

Esses índices são importantes para esses países, pois permite fixar limites máximos, podendo os Estados membros terem sua legislação própria e com isso serem até mais rigorosos com valores mais restritos (CARVALHO; CARVALHO, 2001).

Legislação para lodo de curtume

De forma não específica, a legislação ambiental que trata do controle da poluição, também se aplica ao resíduo proveniente de curtume. A Lei n° 6.938/1981, que dispõe sobre a Política Nacional do Meio Ambiente, institui o licenciamento ambiental e a avaliação do impacto ambiental (BRASIL, 2003c), e o Decreto n° 99.274/1990 regulamenta a referida lei (BRASIL, 1990a). O monitoramento e controle das concentrações emitidas pela indústria também estão previstos na Resolução do CONAMA n° 01/1986 (BRASIL, 1986a) e na Resolução do CONAMA n° 11/1986, em que estabelecem obrigatoriedade de realização de estudo de impacto ambiental (EIA) e relatório meio ambiente (RIMA) para as atividades poluidoras (BRASIL, 1986b), inclusive para o curtume.

Os efluentes do curtume decorrem do tratamento de couro com crômio, para curtição do couro. Esse elemento dependendo da oxidação pode apresentar efeito cancerígeno (Cr VI e Cr V) e no estado Cr III não parece ter efeito tóxico. No despejo do efluente do curtume, o crômio apresenta na forma trivalente (III), porém eliminado no ambiente pode ser transformado em Cr V ou vice-versa e ter sérias conseqüências no meio. Por isso, há necessidade de determinar a concentração e a forma de Cr no efluente para ser liberado no ambiente. Em alguns trabalhos, como por exemplo, Freitas e Melnikov (2006) encontraram teores de crômio acima do permitido pela resolução n° 357/2005, que autoriza a liberação de efluente final lançado quando este apresentar concentração abaixo de 0,5 mg L^{-1} (BRASIL, 2005).

No caso do lodo de curtume, o Estado de São Paulo e do Rio Grande do Sul criaram cada um sua legislação que dispõe das formas de utilização adequada deste resíduo. Em São Paulo, a CETESB estabelece a utilização do lodo de curtume em áreas agrícolas proibindo o uso de resíduo proveniente dos banhos de curtimento por apresentarem alto teor de cromo (CETESB, 1999b). Pacheco (2005) criou o conceito de produção limpa que são algumas práticas e tecnologias alternativas menos poluidoras da indústria de curtume, e que poderia ser adotado como uma medida na legislação federal.

Já no Estado do Rio Grande do Sul, a Lei n°921/1993 estabelece no artigo 6° a obediência aos critérios e normas da Fundação Estadual de Proteção Ambiental (FEPAM), órgão que tem critérios específicos para a aplicação do lodo de curtume, onde foram determinados os teores máximos de metais contidos no resíduo.

Países desenvolvidos vêm apresentando a tendência de não aceitar tecnologias que sejam potencialmente problemáticas para seus territórios, e com isso acabam por deslocá-las para países em desenvolvimento. Um exemplo disso é o que está acontecendo com a Europa que tem adotado uma regulamentação com algumas recomendações que estão promovendo a transferência da etapa mais problemática da produção de couro, com uso de crômio, para países em desenvolvimento, enquanto a parte lucrativa das operações continua sendo realizada nos países europeus (FREITAS; MELNIKOV, 2006).

Legislação para manipueira

A manipueira, resíduo líquido de cor amarela resultado da prensagem da mandioca durante a fabricação da farinha apresenta características químicas que inviabilizam seu descarte em curso d'água (Tabela 5) conforme o artigo 21 da Resolução n° 20/1986 do CONAMA (Tabela 5) (BRASIL, 1986c).

Embora se tenha as regulamentações sobre resíduos de efluentes, ainda não é possível falar em manejo de resíduos da industrialização da mandioca no Brasil (CEREDA, 1994). A CETESB, em São Paulo, que impõem rígida normatização sobre a liberação de efluentes na água (SILVA et al., 1996). É comum o descarte de manipueira em cursos d'água na Amazônia Sul Ocidental. A manipueira para ser liberada no ambiente aquático necessita de tratamentos para reduzir os seus valores àqueles estabelecidos pelo CONAMA, mas é considerado como uma perda de um material rico e que pode ser reaproveitado das mais diferentes formas, tais como fertilizante natural, substituindo os agrotóxicos, produção de vinagre para o uso doméstico e comercial, na produção de sabão e na produção de tijolos nas comunidades e, ou mesmo na indústria da mandioca produzindo produtos secundários (SILVA et al., 2003).

Tabela 5. Parâmetros químicos do resíduo de manipueira e o teor de resíduos exigidos pelo CONAMA para serem liberados no curso de água

Parâmetros químicos	Resíduo de manipueira	Teor de resíduo exigido pelo CONAMA liberado nos mananciais
pH	6,79	5,0 a 9,0
Oxigênio dissolvido[1]	4,83	-
Cianeto livre[1]	11,50	0,2
Demanda química de oxigênio[1]	4.810,00	-
Fósforo total[1]	2.573,75	-
Ortofosfato[1]	916,72	-
Nitrogênio total[1]	7,49	-
Ferro[1]	0,41	15,0
Zinco[1]	0,71	5,0

[1] mg kg^{-1}.

Alves (2010) avaliou o uso de manipueira como fonte de K para as culturas de rúcula e alface e verificou efeitos significativos na produção de hortaliças com uso de manipueira. Outros experimentos devem ser realizados para a normatização deste resíduos na agricultura.

Legislação para vinhaça ou vinhoto

A vinhaça é um resíduo da produção de álcool, rico em matéria orgânica e K, além de conter outros nutrientes. O vinhoto, um resíduo proveniente da agroindústria das usinas de cana-de-açúcar, apresenta a Portaria específica (n° 323/1978) (BRASIL, 1980b), lançada pelo Ministério do Interior, que impõe a safra 1979/1980 como limite para o lançamento direto ou indireto, do vinhoto, em qualquer coleção hídrica, pelas destilarias de álcool instaladas ou que venham a se instalar no país. A portaria n° 158/1980 (BRASIL, 1980c) também dispõe sobre o lançamento em coleções hídricas e sobre efluentes de destilarias de usinas de açúcar.

No Estado de São Paulo, onde se apresenta o maior centro sucroalcooleiro do país, a CETESB elaborou legislação específica para aplicação do vinhoto no solo (CETESB, 2006).

Legislação para resíduos madeireiros

Alguns dos destinos dados aos resíduos madeireiros são: fonte de energia para as caldeiras de olarias e padarias e fabricação de cabo de vassoura, sarrafeado, caxotaria, fogo e lixo (SALES-CAMPOS et al., 2000). Embora tenham surgido algumas alternativas de uso dos resíduos para gerar um menor impacto ambiental, é difícil a utilização destes pelo fato que grande parte das madeireiras serem de pequeno e médio porte, e estarem localizadas em áreas de difícil acesso como é o caso de cidades da Amazônia. Outro problema bastante sério é com relação a falta de conscientização por parte dos empresários que não se prontificam a colaborar além de uma legislação.

No Estado do Acre foi realizado um inventário de resíduos sólidos industriais que permitiu saber a origem, natureza e quantificar e principalmente incentivar o setor madeireiro a desenvolver tecnologia mais limpa. Desta forma o inventário torna-se um instrumento que ajudará o Estado exercer sua função na elaboração de diretrizes para o gerenciamento e controle de resíduos produzidos pela indústria madeireira. Como também permitirá a atuação de forma proativa do Instituto de Meio Ambiente do Acre (IMAC), por meio de fiscalização e monitoramento das atividades potencialmente impactantes, como a forma de prevenção à ocorrência de danos ambientais (ACRE, 2004).

Recomendação de pontos que precisam ser avaliados para criação das leis para aplicação de resíduos na Amazônia Sul Ocidental

Para criação leis que regulamentem a utilização dos resíduos como adubo orgânico no setor agropecuário é necessário algumas recomendações na aplicação dos resíduos na região da Amazônia Sul Ocidental, são:

- Criar uma legislação estadual em que se adéque a federal no que se refere a utilização na agricultura e/ou eliminação nos recursos hídricos e/ou no solo;

- Recomenda-se estudos em condições de casa-de-vegetação e de campo para analisar o comportamento e destino ambiental de nutrientes, patógenos, metais pesados, poluentes e alteração no meio ambiente;

- Recomenda-se pesquisas usando novas técnicas (carbono pirolisado, balanço de carbono em sistemas que utilizam resíduos) para diminuir os impactos ambientais, além da reduzir a geração de resíduo, não utilização de substâncias químicas no tratamento e reutilização de materiais;

- Recomenda-se determinar a taxa de degradação da matéria orgânica, juntamente com a disponibilidade de nutrientes, metais pesados e patógenos;

- Recomenda-se pesquisas sobre a quantidade a ser aplicada, época (precipitação), quantas vezes podem ser aplicados, para cultura (perenes e anuais), sistema de cultivo (agropastoril, agroflorestal e convencional) e área;

- Recomendam-se estudos que determinem riscos ambientais a curtos e longos prazos considerando os metais pesados como também de nutrientes e microorganismos patogênicos;

- Recomenda-se determinar tipo de finalidade dada para os resíduos;

- Recomenda-se uma fiscalização intensa dos órgãos responsáveis para que não venha apresentar danos ambientais;

TEIXEIRA et al.

- Recomendam-se a participação de técnicos treinados e especializados no assunto;

- Recomenda-se realizar estudo de custo/benefício da utilização dos resíduos na agricultura em comparação com os fertilizantes químicos;

- Elaboração de um manual orientando a maneira correta de utilizar os resíduos.

Referências

ABREU JUNIOR, C. H.; BOARETTO, A. N.; MURAOKA, T.; KIEHL, J. de C. Uso agrícola de resíduos orgânicos potencialmente poluentes: propriedades químicas do solo e produção vegetal. In: TORRADO, P. V.; ALLEONI, L. R.; COOPER, M.; SILVA, A. P.; CARDOSO, E. J. Tópicos em Ciência do Solo. v. 4. Viçosa, MG: Sociedade Brasileira de Ciência do Solo, 2005. p. 391-470.

ACRE. Secretaria de Estado de Meio Ambiente e Recursos Naturais. Inventário de resíduos sólidos industriais do Estado do Acre: informações básicas. Rio Branco, AC: MMA/FNMA/SEMA, 2004. 32 p.

ALVES, L. S. efeitos nas propriedades químicas e microbiológicas do solo na utilização de manipueira no cultivo de alface e rúcula. Dissertação de Mestrado, Universidade Federal do Acre, Rio Branco, 2010, 90 p.

BRASIL. Código de águas (1934). In: Código de águas: e legislação correlata. Brasília, DF: Senado Federal, Subsecretária de Edições Técnicas, 2003a. p.19-54. (Coleção ambiental, v.1).

BRASIL. Código florestal (1965). Código florestal e normas correlatas. Brasília, DF: Senado Federal, Subsecretária de Edições Técnicas, 2004a. 146p. (Coleção ambiental, v.4).

BRASIL. Conselho Nacional do Meio Ambiente. Decreto n° 99.274, de 06 de junho de 1990. Regulamenta a Lei n° 6.902, de 27 de abril de 1981, e a Lei n°6.938, de 31 de agosto de 1981, que dispõem, respectivamente sobre a criação de Estações Ecológicas e Áreas de Proteão Ambiental e sobre a Política Nacional do Meio Ambiente, e dá outras providências. Brasília. DF: Diário Oficial da União, 7 jun. 1990a.

BRASIL. Conselho Nacional do Meio Ambiente. Resolução nº 380, de 31 de agosto de 2006. Retifica a Resolução CONAMA nº 375/2006, define critérios e procedimentos para o uso agrícola de lodos de esgoto gerados em estações de tratamento de esgoto sanitário e seus produtos derivados, e dá outras providências. Brasília, DF: Diário Oficial da União, 31 out. 2006b. p. 59.

BRASIL. Conselho Nacional do Meio Ambiente. Resolução nº 357, de 17 de março de 2005. Dispõe sobre a classificação dos corpos de água e diretrizes ambientais para o seu enquadramento, bem como estabelece as condições e padrões de lançamento de efluentes, e dá outras providências. Disponível em: Brasília, DF: Diário Oficial da União, 18 maio 2005. p. 58-63.

BRASIL. Conselho Nacional do Meio Ambiente. Resolução nº 375, de 29 de agosto de 2006. Define critérios e procedimentos, para o uso agrícola de lodos de esgoto gerados em estações de tratamento de esgoto sanitário e seus produtos derivados, e dá outras providências. Brasília, DF: Diário Oficial da União, 30 ago. 2006. Seção 1, p.141-146.

BRASIL. Decreto de Lei nº 1.413, de 14 de agosto de 1975. Dispõe sobre o controle da poluição do meio ambiente provocada por atividades industriais. 1975a. Brasília, DF: Diário Ofiical da União, 14 ago. 1975. p. 10289.

BRASIL. Decreto nº 76.872, de 22 de dezembro de 1975. Regulamenta a Lei nº 6.050, de 24 de maio de 1974, que dispõe sobre a fluoretação da água em sistemas públicos de abastecimento. Brasília, DF: Diário Oficial da União, 23 dez. 1975b, p. 16997.

BRASIL. Decreto nº 79.367, de 9 de março de 1977. Dispõe sobre normas e o padrão de potabilidade de água e dá outras providências. Brasília, DF: Diário Ofocial da União, 10 mar. 1977. p. 2741.

BRASIL. Decreto n° 4954 de 14 de janeiro de 2004. Aprova o regulamento da Lei n° 6894, de 16 de dezembro de 1980, que dispõe sobre a inspeção e fiscalização da produção e do comércio de fertilizantes, corretivos, inoculantes ou biofertilizantes destinados à agricultura, e dá outras providências. Brasília, DF: Diário Oficial da União, 15 jan. 2004. p. 2.

BRASIL. Lei n° 9.433, de 8 de janeiro de 1997. Institui a política nacional de recursos hídricos, cria o sistema nacional de gerenciamento de recursos hídricos, regulamenta o inciso XIX do art. 21 da constituição federal, e altera o art. 1° da lei n° 8.001, de 13 de março de 1990, que modificou a Lei n° 7.990, de 28 de dezembro de 1989. Brasília, DF: Diário Oficial da União, 9 jan. 1997. p. 470.

BRASIL. Portaria n° 124, de 20 de agosto de 1980. Estabelece normas para a localização de indústrias potencialmente poluidoras junto às coleções hídricas. 1980a. Disponível em: http://www.manufatora.com.br:8080/legislacoes/Legisla%C3%A7%C3%A3o%20Ambiental/008%20-%20Dep%C3%B3sitos%20de%20Sub.%20Poluidoras/008.1%20-%20FEDERAL%20-Portaria%20MINTER%20124%2020.08.80.pdf Acesso em: 20 de out. 2008.

BRASIL. Lei n° 6.938, de 31 de agosto de 1981. Dispõe sobre a política nacional do meio ambiente, seus fins e mecanismos de formulação e aplicação, e dá outras providências. Brasília, DF: Diário Oficial da União, 2 set. 1981. p. 16509.

BRASIL. Lei n° 6050, de 24 de maio de 1974. Dispõe sobre a fluoretação da água em sistemas de abastecimento quando existir estação de tratamento. Brasília, DF: Diário Oficial da União, 27 maio 1974. p. 6021.

BRASIL. Lei n° 7.960, de 21 de dezembro de 1989. Dispõe sobre prisão temporária. Brasília, DF: Diário Oficial da União, 22 dez. 1989. p. 24075.

BRASIL. Lei n° 9.605, de 12 de fevereiro de 1998. Dispõe sobre sanções penais e administrativas derivadas de condutas e atividades lesivas ao meio ambiente, e dá outras providências.Brasília, DF: Diário Oficial da União, 13 fev. 1998. p 1.

BRASIL. Lei n° 9.984, de 17 de julho de 2000. Dispões sobre a criação da Agência Nacional de Águas – ANA, entidade federal de implementação de política nacional de recursos hídricos e de coordenação do sistema nacional de gerenciamento de recursos hídricos, e dá outras providências. Brasíla, DF: Diário Oficial da União, 18 jul. 2000. p. 1.

BRASIL. Ministério da Agricultura, Pecuária e Abastecimento (MAPA). Instrução normativa n° 15, de 22 de dezembro de 2004. Aprova as definições e normas sobre as especificações e as garantias, as tolerâncias, o registro, a embalagem e a rotulagem dos fertilizantes orgânicos simples, mistos, compostos, organominerais e biofertilizantes destinados à agricultura. Brasília, DF: Diário Oficial da União, 24 dez. 2004c. p. 8.

BRASIL. Ministério da Agricultura, Pecuária e Abastecimento. Instrução normativa n° 27, de 05 de junho de 2006. Dispõe sobre fertilizantes, corretivos, inoculantes e biofertilizantes, para serem produzidos, importados ou comercializados, deverão atender aos limites estabelecidos nos Anexos I, II, III, IV e V desta Instrução Normativa no que se refere às concentrações máximas admitidas para agentes fitotóxicos, patogênicos ao homem, animais e plantas, metais pesados tóxicos, pragas e ervas daninhas. Brasília, DF: Diário Oficial da União, 09 jun. 2006a. p. 15.

BRASIL. Ministério da Saúde. Portaria GM 36, de 19 de janeiro de 1990. Aprova, na forma do Anexo a esta Portaria, as normas e o padrão de Potabilidade da Água destinada ao Consumo Humano, a serem observadas em todo o território nacional. Brasília, DF: Diário Oficial da União, 23 jan. 1990b. p. 1651.

BRASIL. Ministério da Saúde. Portaria n° 1.469, de 29 de dezembro de 2000. Estabelece os procedimentos e responsabilidades relativos ao controle e vigilância da água para o consumo humano e seu padrão de potabilidade e dá outras providências. Brasília, DF: Diário Oficial da União, 10 jan. 2001c. p. 26.

BRASIL. Ministério da Saúde. Portaria nº 443, de 03 de outubro de 1978. Estabelece os requisitos sanitários mínimos a serem obedecidos no projeto, construção, operação e manutenção dos serviços de abastecimento público de água para consumo humano, com a finalidade de obter e manter a potabilidade da água, em obediência ao disposto no artigo 9 do Decreto 79.367 de 09 de Março de 1977. Brasília, DF: Diário Oficial da União, 06 de outubro de 1978. p. 16295.

BRASIL. Ministério da Saúde. Portaria nº 635, de 26 de dezembro de 1975. Aprova as Normas e Padrões sobre a fluoretação da água destinada ao consumo humano dos sistemas públicos de abastecimento. Brasília, DF: Diário Oficial da União, 30 jan. 1976. p. 1455.

BRASIL. Portaria nº 158, de 03 de novembro de 1980. Dispõe sobre a proibição do lançamento direto ou indireto do vinhoto em coleção hídrica. 1980c. Brasília, DF: Diário Oficial da União, 6 nov. 1980. p. 22250.

BRASIL. Portaria nº 323, de 29 de novembro de 1978. Dispõe sobre o controle do lançamento de vinhoto em coleção hídrica. Brasília, DF: Diário Oficial da União, 4 dez. 1978. p. 19456.

BRASIL. Portaria nº 518, de 25 de março de 2004. Estabelece os procedimentos e responsabilidades relativos ao controle e vigilância da qualidade da água para consumo humano e seu padrão de potabilidade, e dá outras providências. 2004b. Brasíla, DF: Diário Oficial da União, 26 mar. 2004.

BRASIL. Portaria nº 2.914, de 12 de dezembro de2011. Dispõe sobre os procedimentos de controle e de vigilância da qualidade da água para consumo humano e seu padrão de potabilidade. Brasília, DF: Diário Oficial da União, 14 dez. 2011.

BRASIL. Resolução CNRH nº 16, de 01 de maio de 2001. 2001a. Disponível em: http://www.cnrh-srh.gov.br/delibera/resolucoes/R016.htm Acesso em: 20 de out. de 08.

BRASIL. Conselho Nacional do Meio Ambiente. Resolução n° 1, de 23 de janeiro de 1986. Dispõe sobre critérios básicos e diretrizes gerais para avaliação de impacto ambiental. Brasília, DF: Diário Oficial da União, 17 fev. 1986a. p. 2548-2549.

BRASIL. Conselho Nacional do Meio Ambiente. Resolução n° 11, de 18 de março de 1986. Dispõe sobre alteração da resolução 01/86. Brasília, DF: Diário Oficial da União, 2 maio 1986.

BRASIL. Conselho Nacional do Meio Ambiente. Resolução n° 274, de 29 de novembro de 2000. Define os critérios de balneabilidade em águas brasileiras. Brasília, DF: Diário Oficial da União., 25 jan. 2001b. p. 70-71.

BRASIL. Conselho Nacional do Meio Ambiente. Resolução n° 20, de 18 de julho de 1986. Dispõe sobre a classificação das águas doces, salobras e salinas do território nacional. Brasília, DF: Diário Oficial da União, 30 jul. 1986c.

CARVALHO, P. C. T.; CARVALHO, F. J. P. C. Legislação sobre biossólido. In: In: TSUTIYA, M. T.; COMPARINI, J. B.; ALEM SOBRINHO, P.; HESPANHOL, I.; CARVALHO, P. C. T.; MELFI, A. J.; MELO, W. J.; MARQUES, M. O. (Ed.). Biossólidos na agricultura. São Paulo: SABESP, 2001. p. 209-226.

CEREDA, M. P. Caracterização dos resíduos da industrialização da mandioca. In: Resíduos da industrialização da mandioca no Brasil. São Paulo. Editora Paulicéia, 1994. p. 11-50.

CETESB. Companhia de Tecnologia E Saneamento Ambiental. Aplicação de lodo de sistemas de tratamento biológico em áreas agrícolas – critérios de projeto e operação – Norma P 4.230. São Paulo: CETESB, 1999a. 32 p.

CETESB. Companhia de Tecnologia E Saneamento Ambiental. Lodos e curtumes – critérios para o uso em áreas agrícolas e procedimentos para apresentação de projetos – Manual Técnico P 4.233. São Paulo: CETESB, 1999b. 35 p.

CETESB. Companhia de Tecnologia E Saneamento Ambiental. Vinhaça – critérios e procedimentos para aplicação no solo agrícola. PA.231. São Paulo: CETESB, 2006. 12 p.

DAVIES, G. Western australian guidelines for direct land application of biosolids and biosolids products. Department of Environmental Protection. Water and Rivers Comission. Department Health, 2002. 33 p.

DIRECTIVE 86/278/EEC of 12 June 1986 on the protection of the environment, and in particular of the soil, when sewage sludge is used in agriculture. OJ L 181, 4.7.1986, p. 6–12. Disponível em http://eur-lex.europa.eu/LexUriServ/LexUriServ.do?uri=CELEX:31986L0278: EN:NOT Acesso em: 10 ago. de 08.

FERNANDES, F.; ANDREOLI, C. V. Manual técnico para utilização agrícola do lodo de esgoto no Paraná. Curitiba: SANEPAR, 1997. 96 p.

FREITAS, T. C. M.; MELNIKOV, P. O uso e os impactos da reciclagem de cromo em indústrias de curtume em Mato Grosso do Sul, Brasil. Engenharia Sanitária e Ambiental, v. 2, n. 4, p. 305-310, 2006.

GROSSI, M. G. L. Avaliação da qualidade dos produtos obtidos de usina de compostagem brasileira de lixo doméstico através da determinação de metais pesados e substancias orgânicas tóxicas. Tese de Doutorado, Universidade de São Paulo, São Paulo, 1993. 222 p.

PACHECO, J. W. F. Curtume. São Paulo: CETESB, 2005. 76p.

PIRES, A. M. M. Uso agrícola do composto de lixo: beneficio ou prejuízo? Jaguariúna: Embrapa Meio Ambiente. 2006a. p. 1-4.

PIRES, A. M. M. Uso agrícola do lodo de esgoto: aspectos legais. Jaguariúna: Embrapa Meio Ambiente, 2006b. p. 1-4.

RAIJ, B. van; CANTARELLA, H.; QUAGGIO, J. A.; FURLANI, A. M. C. Recomendações de adubações e calagem para o Estado de São

Paulo. 2 ed. Campinas: Instituto Agronômico de Campinas; Fundação IAC. 285p. 1996. (Boletim Técnico, 100).

SALES-CAMPOS, C.; ABREU, R. L. S.; VIANEZ, B. F. Indústria madeireira de Manaus, Amazonas, Brasil. Acta Amazonica, v.20, n.2, p.319-331, 2000.

SÃO PAULO. Lei n° 7.750, de 31 de março de 1992. Dispõe sobre controle da poluição do meio ambiente. Disponível em: http://licenciamento.cetesb.sp.gov.br/legislacao/estadual/leis/1992_Lei_Est_7750.pdf. Acesso em: 15 out. 2015.

SÃO PAULO. Lei n° 997, de 31 de maio de 1976. Dispõe sobre controle da poluição do meio ambiente. Disponível em: http://www.cetesb.sp.gov.br/Institucional/documentos/lei_997_1976.pdf. Acesso em: 15 out. 2015.

SILVA, F. F.; FREITAS, P. S. L.; BERTONHA, A.; REZENDE, R.; GONÇALVES, A. C. A.; DALLACORT, R. Flutuação das características químicas do efluente industrial de fecularia de mandioca. Acta Scientiarum Agronomy, v. 25, n. 1, p. 165-175, 2003.

SILVA, J. R.; VEGRO, C. L. R. , ASSUNPÇÃO, R., PONTARELLI, C. T. G. Agroindústria de farinha de mandioca nos estados de são Paulo e do Paraná, 1995. Informações Econômicas, São Paulo, v. 26, n. 3, p. 69-83, 1996.

SILVA, M. S. A. da; GRUBELER, N. P.; BORGES, L. C. Uso de vinhaça e impactos nas propriedades do solo e lençol freático. Revista Brasileira de Engenharia Agrícola e Ambiental, v. 11, n. 1, p .108-114, 2007.

USEPA. United States Environmental Protection Agency. A guide to the biosolids risk assessments for the EPA. Part 503 rules. EPA/832-B-93-005. Washinghot, DC: Office of Wastewater Management. Chapter 5. p. 95-108, 1995.

Sobre os Editores

Sandra Tereza Teixeira é Engenheira Agrônoma, Doutora em Agronomia pela Universidade Estadual Paulista Júlio de Mesquita Filho (UNESP). Foi professora visitante na Universidade Federal do Acre (2007-2010), bolsista de DCR do CNPq/EMBRAPA-Acre (2007-2010) e coordenadora da área de assistencia técnica na Cooperativa Incubadora de Gestão Avançada, CIGA, Brasil (2011-2014). Atualmente é professora da Faculdade Meta, Rio Branco, AC e bolsista de Extensão no País do CNPq - Nível A.

Stella Cristiani Gonçalves Matoso é Engeheira Agrônoma, Mestre em Agronomia, pela Universidade Federal do Acre (UFAC), Doutoranda em Biodiversidade e Biotecnologia, pela REDE BIONORTE, bolsista da Coordenação de Aperfeiçoamento de Pessoal de Nível Superior (Capes) e professora Instituto Federal de Rondônia (IFRO).

Paulo Guilherme Salvador Wadt é Engenheiro Agrônomo, Doutor em Solos e Nutrição de Plantas pela Universidade Federal de Viçosa, pesquisador da Empresa Brasileira de Pesquisa Agropecuária – Embrapa Rondônia e docente permanente dos Programa de Pós-Graduação em Agronomia, da Universidade Federal do Acre e em Biodiversidade e Biotecnologia, da REDE BIONORTE. Bolsista em Desenvolvimento Tecnológico e Extensão Inovadora do CNPq.

www.ingramcontent.com/pod-product-compliance
Lightning Source LLC
Chambersburg PA
CBHW072304200526
45168CB00014B/351